人类
的
盟友

◆

第一部

人类的盟友

◆

第一部

◆

一个关于当今世界的 外星人存在的
紧迫讯息

Marshall Vian Summers

作者

内识进阶：内在认知之书

人类的盟友第一部: 一个关于当今世界的 外星人存在的紧迫讯息

编辑: Darlene Mitchell

图书设计: Argent Associates, Boulder, CO

封面艺术: Reed Novar Summers
"对我来说,封面图片代表地球上的我们和象征当今世界外星存在的黑色球体,它背后的光,向我们揭示了我们否则无法看到的这个无形存在。照亮地球的星代表人类的盟友,给我们提供一个新讯息和关于地球与大社区关系的一个新视野。"

ISBN: 978-1-884238-45-1 *人类的盟友第一部: 一个关于当今世界的外星人存在的紧迫讯息*

NKL POD / eBook Version 4.5

国会图书馆控制编号: 2001 130786

这是人类的盟友第一部的第二版。

英文原版出版信息如下

PUBLISHER'S CATALOGING-IN-PUBLICATION

Summers, Marshall.
    The allies of humanity book one : an urgent message about the
extraterrestrial presence in the world today / M.V. Summers
        p. cm.
    978-1-884238-45-1 (English print)   001.942
    978-1-884238-96-3 (Simplified Chinese print)
    978-1-884238-46-8 (English ebook)
    978-1-884238-97-0 (Simplified Chinese ebook)
                                QB101-700606

新内识图书馆的书籍由大社区内识之路社团出版。社团是非营利组织,致力于呈现大社区内识之路。

接收关于社团的音频录音、教育项目和服务,请在互联网上访问社团或写信致:

THE SOCIETY FOR THE GREATER COMMUNITY WAY OF KNOWLEDGE
P.O. Box 1724   •   Boulder, CO   •   80306-1724   •   (303) 938-8401

society@newmessage.org
www.alliesofhumanity.org/zh   www.newmessage.org/zh

献给我们世界历史上的

伟大自由运动——

包括已知的和未知的。

目 录

关于当今世界的外星人存在的四个基本问题:

什么正在发生?

它为什么发生?

它意味着什么?

我们如何准备?

发现一本改变一个人一生的书已经是很不同寻常了，然而更加非凡的是遇见一部有可能影响人类历史的作品。

大约四十年前，在环境运动开始之前，一位充满勇气的女子写下了一本改变了历史进程的最惊世骇俗、最有争议的书。雷切尔.卡逊的《寂静的春天》引发了全世界对环境污染危险的觉知，并点燃了一直持续至今的积极回应。作为首批公开宣称农药和化学毒素的使用是对所有生命的威胁的人士，卡逊一开始时遭到了嘲讽和诽谤，很多甚至来自她的同僚，然而最终她被认定为二十世纪最重要的声音之一。《寂静的春天》依然被广泛地奉为环保主义的基石。

今天，在普通大众开始觉知正在我们中间进行的外星入侵之前，一位同样充满勇气的男子———一位过去隐居的灵性导师———带着一份来自我们星球外的不同凡响和令人不安的公报站了出来。通过*人类的盟友*，马歇尔.维安.萨摩斯作为我们时代的首位精神领袖，毫不含糊地宣称，外星"探访者"未受邀请的到来以及他们的秘密活动，对人类自由构成了深远的威胁。

正如卡逊一样，尽管在一开始，萨摩斯肯定会面临嘲讽和毁谤，但是他最终或被认定为在外星智能、人类灵性和意识进化领域的全世界最重要声音之一。同样，*人类的盟友*或被证明在保障我们族群的未来中起到关键的作用

——不仅唤醒我们去面对一个静悄悄的外星入侵的深远挑战，而且点燃一场史无前例的抵制和赋权运动。

尽管对一些人来说，这一爆炸性的充满争议资料的来源好像有些问题，可是它所代表的视野以及它所传递的紧迫讯息，需要我们最深刻的思考和果断的回应。在此，我们所有人都面对着这一看来非常合理的宣称，即UFO的不断出现以及其他相关现象，完全代表着一场来自外星势力的隐秘且至今未遭抵制的干预，他们寻求完全为了他们自身利益开采地球资源。

我们该如何对这一令人不安和吃惊的声明做出恰当的回应呢？我们会立刻忽视它或否定它，就像很多卡逊的批评者所做的那样吗？还是会进行探究并试图准确理解这里所提供的东西呢？

如果我们选择探究和理解的话，我们会发现：对近几十年针对UFO活动和其他明显外星现象（例如：外星绑架和植入芯片，动物屠杀，甚至还有精神"附体"）的全球调查的总览，为盟友的观点提供了大量证据；事实上，盟友论述里所包含的信息，震撼性地澄清了困扰研究者多年的问题，解释了大量神秘而持久的证据。

一旦我们对这些情况进行了调查，并确认盟友的讯息不仅看似合理，而且还异常紧迫时，接下来是什么？我们的思考将不可避免地导向一个必然结论，即我们今天面临的困境，深刻地类似于十五世纪开始的欧洲"文明"对美洲的入侵，美洲原住民无法理解和充分回应那些到访他们的势力的复杂性和危险。"探访者"以上帝的名义到来，展示着高超科技，并声称会带来一种更先进、更文明的生活方式。（重要的是要理解，欧洲侵略者并非"邪恶的化身"，他们只不过是机会主义者，在身后留下了一个不经意破坏的传奇。）

关键在于：美洲土著接下来经历的对其基本自由的彻底而广泛的侵犯——包括人口的迅速毁灭——不仅是人类的一个巨大悲剧，而且是针对我们当前境况的一个强大实例。此刻，我们都是这个世界的原住民，除非我们能够集体性地集结起一个更有创意且更统一的回应，否则我们会遭遇类似的命运。这正是人类的盟友促成的领悟。

然而，这还是一部能够改变生命的书，因为它激起一个深刻的内在召唤，提醒我们活在人类历史这一时刻的宗旨所在，并引领我们直面我们的天命。在此，我们面对着一个最令人不安的领悟：人类的未来将完全依赖于我们如何对这一讯息做出回应。

尽管*人类的盟友*具有深刻的警示性，但是它不会激起恐惧或绝望。相反，这一讯息在当前这个最危险和艰难的境况里，提供着极大的希望。其明显用意是维护和赋权人类自由，催化针对外星干预的个体和集体性回应。

与之相符的是，雷切尔.卡逊本人曾预见性地指出阻碍我们对这一当前危机做出回应的真正问题："我们依然还没有成熟到，"她说，"把我们自己看做不过是一个广袤和不可思议宇宙的一个非常微小的部分。"显然，我们早就需要对我们自身、对我们在宇宙中的位置和对大社区（我们正在迈进的更广大物质和精神宇宙）生命的一种新理解。幸运地是，*人类的盟友*是跨入一个宏大灵性教程和修习的大门，这一教程和修习承诺教导族群必备的成熟度，它的视野既非地球来源也非以人类为中心，而是根植于更古老、更深刻、更宇宙性的传统。

最终，*人类的盟友*的讯息几乎挑战了我们对实相的所有基本观念，同时为我们提供了实现进步的最伟大机遇和实现生存的最重大挑战。虽然当下的危机威胁着我们作为一个族群的独立主权，

但它同时也为人类族群实现团结提供着一个必需的基础——没有
这一更广大背景，这几乎不可能实现。通过人类的盟友里提供的
视野，和萨摩斯所代表的宏大教程，我们被赋予了紧迫性和启
发，从而能够在服务人类继续进化的更深刻理解中走到一起。

◆

在"时代杂志"回顾二十世纪100个最有影响力声音的报告里，
彼得.马塞森这样写雷切尔.卡逊："在环境运动开始之前，有一个
勇敢的女子和她非常勇敢的书。"过些年后，我们或许会以类似的
方式讲述马歇尔.维安.萨摩斯：在抵制外星干预的人类自由运动开
始之前，有一个勇敢的男子和他非常勇敢的讯息，人类的盟友。
此刻，愿我们的回应更加迅速、更加坚决、更加统一。

—迈克尔.布朗尼

记者

人*类的盟友*的呈现，是为了让人们对一个全新的实相进行准备，这是在当今世界上被大大隐藏、不被认知的实相。它提供了一个新视野来赋权民众，去面对我们作为一个族群曾将遇到的最大挑战和机遇。盟友简报包含许多即使不是警示性，至少也是关键性的陈述，关于日益增长的外星对人类族群的干预和整合，关于外星活动和隐秘计划。盟友简报的宗旨并非是提供关于外星探访我们世界的实相的确凿证据，有关这一主题已在其他许多优秀书籍和研究期刊上广为记录。盟友简报的宗旨是强调这一现象的强烈和深远意味，挑战我们针对这个的人类倾向和假设，并警示人类家庭现在面临的重大关口。简报提供了宇宙智能生命实相的掠影，以及接触到底将意味着什么。对于许多读者来说，*人类的盟友*披露的内容将是全新的。而对于另一些人，它将确认他们已经长久感受和知道的东西。

虽然本书提供了一个紧迫讯息，但它同时也是关于走向　个被称为"内识"的更高意识，这包括人们中间和族群间的一种更伟大心灵感应技能。据此，盟友简报由一个多族群的外星人小组传递给作者，他们称自己为"人类的盟友"。他们将自己描述为来自其他世界的实体存有，集结在我们太阳系中接近地球的地点，目的是观察在我们的世界上干涉人类事务的那些外星族群的通讯和活动。他们强调他们自己没有在我们的世界上实体现身，他们在提供所需的智慧，而非科技或干涉。

盟友简报在一年的时间里被提供给作者。它们提供了深入一个复杂主题的视野和远见，这一主题尽管数十年来证据不断增加，可它持续困扰着研究者。然而，这一视野在对待这个主题的方式上并非浪漫、揣测或理想化。相反，它直白的现实主义和不妥协甚至达到了非常挑战性的程度，即使对于相当熟悉这一主题的读者来说也是如此。

因此，要想接收本书提供的内容，你需要至少暂时搁置你所抱持的许多信仰、假设和问题——关于外星接触，甚至是关于本书如何被接收。本书的内容，就像一个装在瓶子里从世界外传送到这里的讯息。因此，我们不应该太关注那个瓶子，而应该关心讯息本身。

要真正理解这一挑战性的讯息，我们必须正视和质疑有关接触的可能性和实相的许多流行假设和倾向。它们包括：

- 否认；
- 充满期望；
- 曲解证据以确认我们的信仰；
- 希望和期待来自"探访者"的救赎；
- 相信外星科技将拯救我们；
- 感到无望并对我们认定的一个高超力量屈从；
- 要求政府披露而非外星人披露；
- 谴责人类领袖和机构，同时毫不质疑地接受"探访者"；
- 假定因为他们没有攻击或入侵我们，所以他们在此必然是为了我们的福祉；
- 假定高等科技等同于高等伦理和灵性；

- 相信这一现象是一个神秘，而实际上它是一个可以理解的事件；
- 相信外星人以某种方式对人类、对这个星球拥有权利；
- 相信人类不可救赎，靠自己无法成功。

盟友简报挑战这类假设和倾向，粉碎了我们目前持有的有关谁在访问我们和他们为何到此的许多谬误。

人类的盟友简报为我们提供了关于我们在一个宇宙智能生命更广大场景里的天命的一个更伟大视野和一个更深刻理解。为了实现它，盟友并非对我们的分析性思想讲话，而是对内识讲话，那是我们存有的更深刻部分，在此真理，无论怎样被云翳，都可以被直接辨识和体验。

*人类的盟友第一部*将引发许多问题，这将需要进一步探索和深思。它的关注焦点不在于提供名字、日期和地点，而是提供我们作为人类否则无法拥有的关于世界上外星存在和关于宇宙生命的一个视野。我们仍然以隔离状态生活在地球表面，还无法看到和认知我们疆域以外的智能生命正在发生什么。为此，我们需要帮助，一种非常非凡的帮助。我们起初可能不会认识或接受这一帮助。可它就在这里。

盟友声明的目的，是警示我们迈进智能生命大社区的风险，协助我们以如此一种方式成功跨越这一伟大关口，从而使人类的自由、主权和独立自主能够得到维护。盟友在此建议我们，人类需要在这一史无前例的时期确立我们自己的"参与规则"。根据盟友的说法，如果我们明智、有准备且团结的话，我们将能够作为一个成熟和自由的族群在大社区里取得我们天命注定的位置。

◆

　　在这一系列简报发送的过程中，盟友不断重复他们认为对我们的理解至关重要的某些关键思想。为了保持他们沟通的意图和完整，我们在书中保留了这些重述。由于盟友讯息的紧迫性质，由于世界上存在着将对抗这一讯息的势力，这些重述体现着一种智慧和一种必要性。

　　继2001年人类的*盟友第一部*出版后，盟友提供了第二组简报，来充实他们致人类的重要讯息。人类的*盟友第二部*出版于2005年，它提供了令人吃惊的新信息，关于我们周边宇宙族群间的互动，以及关于干预人类事务的那些族群的本质、目的和最隐蔽活动。感谢那些感受到盟友讯息的紧迫性并将简报翻译成其他语言的读者们，针对干预实相正在呈现越来越广阔的全球性觉知。

　　我们新内识图书馆认为，这两组简报包含了传递给当今世界的或许是最重要的讯息之一。人类的盟友并非只是揣测UFO/ET现象的又一本著作而已。它是真正变革性的讯息，它直接针对外星干预的潜在目的，以唤起我们所需要的觉知来面对前方的挑战和机遇。

—新内识图书馆

谁 是
人 类 的 盟 友 ?

盟友服务人类，因为他们在整个大社区里服务于内识的唤回和表达。他们代表很多世界里的智者，在生命中支持一个更伟大宗旨。他们共同分享一种更伟大内识和智慧，它们能够跨越太空遥远的距离，跨越族群、文化、性情和环境的所有疆界进行传递。他们的智慧无所不及。他们的技能是伟大的。他们的存在是隐匿的。他们认知你们，因为他们意识到你们是一个新兴族群，正在迈进大社区里一个非常艰难和竞争的环境。

◆

大社区灵性
第十五章：谁服务人类？

二

十多年前，一组来自几个不同世界的个体，集结在我们太阳系接近地球的一个隐蔽地点，其目的在于观察发生在我们世界上的外星干预。从他们隐蔽的观测点上，他们能够确定那些地球访客的身份、组织和意图并监视探访者的活动。

这组观察者称自己为"人类的盟友"。

这是他们的报告。

简报

◆

当今世界的外星人存在

我们非常荣幸能够把这一信息呈现给所有有幸听到它的人们。我们是人类的盟友。得益于隐形存在们，这一信息的传递才成为可能，他们是护佑着你们世界以及众多世界组成的整个大社区里智能生命发展的精神导师。

我们并非通过某种机械装置，而是通过一个不受干扰的灵性管道进行沟通。尽管和你们一样，我们也生活在物质世界里，然而我们有幸以这种方式进行沟通，从而传递这一必须与你们分享的信息。

我们代表一个正在观察你们世界动态的小组。我们来自大社区。我们不干涉人类事务。我们没有在此设立基地。我们被派到这里是为了一个非常特殊的宗旨——见证正发生在你们世界上的事件，并基于这一机会，向你们沟通我们所看到的和我们所知道的。因为你们生活在你们世界的表面，无法看到世界周围发生的状况。你们也无法清楚地看到此时此刻正在发生的对你们世界的探访，以及这些探访对你们的未来意味着什么。

我们在此郑重声明，我们这样做是受隐形存在们的委托，因为我们正是为了这一宗旨被派来。我们将要提供给你们的信息，可能非常有挑战性、非常不可思议。对于很多听到这一信息的人来说，这可能并非他们所期望的。我们理解这种困境，因为我们也曾在自己的文化里必须面对这个。

当你听到这一信息时，刚开始可能很难接受，但是，这一信息对所有寻求为世界做出贡献的人来说非常重要。

我们已经对你们世界的动态观察了很多年。我们并非寻求和人类建立关系。我们并非因为某个外交使命而来。我们受到隐形存在们的派遣，来到你们世界的临近，目的是观察我们即将讲述的事件。

我们的名字并不重要。它们对你们来说毫无意义。并且为了我们的自身安全我们也不能透露，因为为了能够提供服务，我们必须保持隐匿。

在开始讲述之际，所有人必须理解，人类正向一个智能生命大社区迈进。你们的世界正在被一些外星族群和一些不同的族群组织"探访"。这已经活跃了一段时间。在整个人类历史上探访屡有发生，但从未呈现过现在的规模。核武器的发展和你们世界自然环境的破坏将这些力量吸引到了你们的疆域。

我们理解，当今世界很多人开始意识到这正在发生。而且我们也理解，对这类探访存在很多诠释——这会意味着什么，这会带来什么。许多觉知这些的人们对此充满希望，期待这将给人类带来巨大益处。我们理解。人们自然会这样期待。自然会充满希望。

你们世界上的这一探访现在非常密集，以至世界各地的人们都在亲眼目睹着，并直接体验到它的影响。把这些来自大社区的"探访者"、这些不同组织吸引来的，并非是要促进人类进步或人类的灵性教育。他们以如此规模如此积极地来到你们疆界的真正目的，是为了你们世界的资源。

我们理解，这一开始可能很难接受，因为你们尚未激赏你们世界多么美丽，它拥有多少，以及它在众多贫瘠世界和虚空地域构成的一个大社区里是一个多么罕见的瑰宝。类似你们这样的世界的确罕见。大社区里凡有居住的地方大多已经被殖民，这是通过科技实现的。可是像你们这样的世界，生命不依赖任何科技协助而自然地进化，这远比你们所意识到的更加罕见。当然外族早已注意到这些，因为你们世界的生物资源已被一些族群利用了数千年。这里被某些族群当作了储藏库。然而人类文明和危险武器的发展，以及这些资源的破坏导致了外星干预。

可能你们在想，为何他们不通过外交途径和人类领袖建立联系呢？这样问很有道理，但问题在于没有人能代表人类，因为你们的民众是分裂的，你们的国家相互对抗。而且，我们所提到的这些探访者认为你们是好战的、激进的，就算你们拥有一些良好的品质，你们仍会对周边宇宙带来伤害和敌意。

因此，在我们的论述里我们想向你们讲述正在发生什么，它对人类将意味着什么，它是怎样关系到你们的灵性发展、社会发展和你们在世界上以及在众多世界组成的大社区里的未来。

人们没有觉知外星势力的存在、资源探索者的存在以及那些为了他们自身利益寻求与人类结盟者的存在。可能我们需要先讲一讲你们疆界以外的生命样貌，因为你们还无法远途旅行，无法亲身了解这些情况。

你们处于银河系里一个相对热闹的部分。在银河系里，并非所有区域都像这里一样居住着生命。存在大片未开发的区域。存在许多隐匿的族群。世界间的商业和贸易只在某些区域里开展。你们将要迈进的环境是一个竞争非常激烈的地方。这里普遍存在着对资源的需求，很多科技社会已经耗尽他们世界的自然资源，必须通过贸易、易货和旅行来获得他们所需的东西。这其中的情况非常复杂。有许多结盟，同时也存在着冲突。

或许在这个节点上，有必要意识到你们正在迈进的大社区，是一个艰难且充满挑战的环境，然而同时它也为人类带来了重大机遇和可能。不过，要实现这些可能和益处，人类必须进行准备，并开始了解宇宙生命的样貌。而且它必须开始理解，在一个智能生命大社区里，灵性的涵义是什么。

透过我们自身的历史，我们理解这对任何世界来说，都意味着一个最重大关口。然而，这不是你们能够自行规划的事件。这不是你们能为你们自己的未来进行设计的事件。因为将大社区实相带到这里的各种力量已经在地球上现身。境况将他们引到这里。他们已经在这里了。

这或许让你们了解一些你们疆界外生命的样貌。我们并不想制造一个可怕的想法，但是为了你们自身的福祉和未来，你们有必要对这些情况有个坦诚的评估和清晰的认识。

我们认为，当前你们世界最大的需求，是为大社区生命进行准备。然而，据我们观察，人们在日常生活中，只是专注于自己的事务和自身的问题，没有觉知即将改变他们天命和影响他们未来的更巨大力量。

当前活动在地球上的力量和组织代表着几个不同的联盟。这些联盟的活动并非彼此协同。每个联盟代表了几个不同的族群，他们联合起来，目的是为了获取你们世界的资源并维续这一获取。本质上，这些联盟相互竞争，但彼此不会发生战争。他们把你们的世界视为巨大的奖赏，他们想据为己有。

这对你们的民众造成了非常大的挑战，因为正在探访你们的势力不仅拥有先进的科技，而且具有强大的社会凝聚力，能够在思维环境里对思想施加影响。你们看，在大社区里科技是容易获取的，因此社会之间真正的竞争优势在于影响思想的能力。他们的这种能力已经非常老练。它代表着一系列人类才刚刚开始发现的技能。

因此，探访者们并没有带来巨型武器、军队或机群。他们以小组形式到来，但他们拥有影响民众的强大技能。这代表大社区里一种更高级更成熟的发挥力量的方式。假如人类想要成功应对其他族群的话，这种能力才是人类未来需要培养的。

探访者来此是为了获得人类的拥戴。他们并不想毁掉人类的成就或人类的存在。相反，他们希望这些为他们所利用。他们的目的是利用，而非破坏。他们自认为是正当的，因为他们相信他们在拯救世界。有些族群甚至认为他们在拯救人类于自我毁灭之危。但这一观点既不符合你们的更伟大利益，也无法在人类家庭里培育智慧或独立自主。

然而因为众多世界组成的大社区里存在着正义的力量，所以你们是有盟友的。我们代表你们的盟友，人类盟友的声音。我们在此不是为了利用你们的资源或拿走你们的财富。我们不寻求将人类变成附属国或殖民地以为己用。相反，我们希望培育人类内在的实力和智慧，因为我们在整个大社区里支持这一宗旨。

因此，我们的角色非常关键，我们的信息至关重要，因为这个时刻即使那些觉知探访者存在的人们，也尚未觉知他们的意图。人们不理解探访者的行事方式。他们不理解探访者的伦理或道德。人们认为探访者要么是天使，要么是恶魔。而事实上，他们在需求上和你们一样。假如你们能通过他们的眼睛看世界，你们就能理解他们的意识和他们的动机。但要想做到这点，你们必须跳出自己的圈子。

为了获得对你们世界的影响力，探访者从事四类基本活动。每项活动各自独特，同时又相互协同。这些活动得以开展是因为人类已经被研究了很长时间。他们花了相当的时间对人类的思想、行为、心理和宗教进行研究。他们对此有深入的理解，并将其用来实现他们的目的。

探访者的第一类活动是影响那些拥有权力和权威的人。因为探访者们不想毁掉世界的任何东西，或对世界资源造成危害，所以他们寻求对那些他们发现在政府或宗教体系里居于领导地位的人产生影响力。他们寻求建立联系，但仅限于针对某些个人。他们有能力建立这种联系，他们也有能力进行说服。尽管不是全部，但的确有许多人将被说服。通过承诺更大的权力、更先进的技术和对世界的统治，他们将触动和激发很多个体。探访者们正是寻求和这些人建立关系。

尽管世界政府里只有很少的人受到这样的影响，但这个数目正在增加。探访者理解权力的层次构造，因为他们自己也这样生活，可以说，他们也遵从着他们自己的指令传递链。他们高度组织化并非常专注于他们的努力，所谓由自由思想个体组成之社会的概念对他们来说非常陌生。他们无法领会或理解个体自由。和大社区里许多拥有先进科技的社会一样，他们在自己的世界上以及在宇宙广大区域里设立的各个基地上运作着，采用高度完善和组织严密的管理和结构。他们认为人类是混乱而缺乏管理的，他们觉得他们是在为这种无法理解的境况带来秩序。他们不知道个体自由，也看不到它的价值。由此导致，他们寻求在这个世界建立的秩序不会尊重这一自由。

因此，他们的第一类活动是和居于权力和影响力地位的个体建立联系，目的是获得他们的效忠，并用这种关系所带来的各种利益以及双方共同的目标来说服他们。

第二类活动，可能从你们的角度是最难思及的，那就是操控宗教价值和冲动。探访者们理解，人类最伟大的能力同样代表着它最大的屡弱易感。人们对个体救赎的渴望代表着人类家庭能够提供给甚至大社区的最伟大资产之一。但这也是你们的弱点。正是这种冲动和价值观将受到利用。

一些探访团体希望把自己确立为灵性媒介，因为他们知道如何在思维环境里讲话。他们能够直接和人们沟通，不幸地是，因为世界上只有极少数人能分辨出灵性声音和探访者声音的区别，这使情况变得非常艰难。

所以，第二类活动是利用人们的宗教和灵性动力来获得人们的效忠。事实上这很容易，因为人类在思维环境里还不够强大和发达。人们难以辨识这些冲动来自哪里。很多人希望把自己奉献给任何他们认为拥有更巨大声音和力量的东西。你们的探访者能够投射形象——你们的圣人、导师和天使的形象——为世人珍视和膜拜的形象。这些异族多个世纪来，都致力于彼此施加影响，并学习在大社区许多地区广泛应用的各种说服方式，通过这些他们已经培养了这种能力。他们认为你们是未开化的，所以觉得可以在你们身上施行这种影响并使用这些方法。

在此他们试图和那些被认为是敏感、接收性强、天生易合作的人建立联系。很多人会被选中，其中一小部分人就是因为这些特性被选中。你们的探访者寻求这些人的效忠、信任和奉献，他们告诉这些人他们来此是为了提升人类的灵性，带给人类新的希望、新的祝福和新的力量——的确，他们承诺那些人们热切期望但尚未找到的东西。也许你们会奇怪："这种事情怎么可能发生呢？"但我们向你们确保，只要你们学会了这些技巧和能力，这其实不难。

他们所做的就是通过精神说服对人们进行安抚和再教育。这一"安抚计划"针对不同的宗教团体，根据各自的理念和特质，会采用不同的形式。它总是针对那些接收性强的个体。他们期望这些人会失去分辨能力，并完全信任探访者会带给他们更伟大的力量。这种效忠一旦建立，人们就会变得更难分辨哪些是他们内心知道的，哪些是被告知的。这是一种非常微妙、非常邪恶的说服和操控方式。之后我们会对此更深入探讨。

现在讲述第三类活动，就是确立探访者在世界的存在，并使人们习惯于他们的存在。他们想让人类适应发生在你们中间的这一巨大变化——适应探访者的物质存在以及他们对你们思维环境的影响。为了这一目的，他们将在这里建立基地，当然这是秘密进行的。这些基地将是隐蔽的，但具有强大力量对附近的居民产生影响力。他们投入很多精力和时间以确保基地有效运作，并让足够多的人效忠于他们。正是这些人守卫和保护着探访者的存在。

这就是现在正在你们世界发生的事件。它代表巨大的挑战，不幸也代表巨大的风险。同样的情况在大社区的许多地方已发生过多次。像你们这样的新兴族群一向是最弱势的。有些新兴族群能够在一定程度上建立自己的觉知、能力和合作，从而可以抵制这种外来影响，并在大社区里确立自己的存在和位置。然而很多族群，在尚未达到这种自由之前，已陷入外族力量的控制和影响力之下。

我们理解这一信息会造成巨大的恐惧，或者否认或困惑。可是在我们的观察当中，我们意识到只有极少人觉知真实发生的状况。即使那些开始觉知外星势力存在的人，也未能站在一个能够清楚看清状况的位置和观测点上。他们始终充满希望和乐观，试图赋予这一重大现象尽可能正面的意义。

然而，大社区是一个竞争、艰辛的环境。那些从事太空旅行的人并不一定代表灵性的进步，因为那些灵性进步的族群寻求独立于大社区之外。他们不寻求商业。他们不寻求影响外族，或为了双边贸易和利益建立一系列非常复杂的关系。相反，灵性进步者寻求保持隐匿。这可能是一种非常不同的理解，但你们有必要领会，从而能够开始理解人类面临的巨大困境。然而，这一困境也抱持着伟大可能性。现在让我们讲述这个。

尽管我们描述的情况非常严重，但我们认为这对人类来说并不是悲剧。事实是，如果这些情况能够被认识和理解，如果那正存在于世的针对大社区的准备能够得到利用、学习和运用的话，那么全世界有良知的人们将有能力学习大社区内识和智慧。这样，世界各地的民众将能找到合作的基础，从而人类家庭终能建立一个史无前例的团结。因为正是将需要大社区的阴翳才能团结人类。现在这一阴翳正在发生。

迈进智能生命大社区是你们的进化。无论你们准备与否，这都将发生。这必须发生。因此，准备是关键。理解和明晰——此刻是你们世界必要和必需的。

各地民众拥有伟大的灵性天赋，这使他们能够清楚地去看、去认知。现在需要的就是这些天赋。它们需要被认识、使用和自由地分享。这不仅仅是你们世界的伟大导师或圣人要做的事。它现在必须被更多人培养。因为境况带来必要性，如果这种必要性能被接纳的话，它将带来伟大的机遇。

然而，了解大社区并开始体验大社区灵性的任务是艰巨的。人们从未需要在这么短的时间里去学习这类东西。事实上，过去你们世界上极少人学过这些。但现在需求改变了。情况不同了。现在你们中间存在着新的影响力，你们能感知并且能认知的影响力。

探访者们试图阻止人们拥有这一眼光以及他们内在的内识，因为你们的探访者本身不具备这个。他们看不到它的价值。他们不理解它的实相。在这方面，人类做为一个整体比他们更进步。然而这只是一种潜力，现在这种潜力必须被培养起来。

地球上的外星存在正在增加。每一天、每一年都在增加。更多的人陷入它的说服里，失去他们的认知能力，变得困惑和散乱，相信那些只会削弱他们，并让他们在面对那些为了利己目的利用他们的力量时，变得无能为力的东西。

人类是新兴族群。它是孱弱的。它在面对一系列前所未见的境况和影响力。你们只进化到彼此之间进行竞争。你们从未和其他形式的智能生命竞争过。然而，如果你们能够清楚地看清和理解境况的话，这一竞争将强化你们，并唤起你们最伟大的特性。

隐形存在们的任务就是促进这种力量。隐形存在们，你们可以恰当地把他们称为天使，不只对人类心灵讲话，他们对四面八方所有能够聆听并赢得自由去聆听的心灵讲话。

因此，我们带来一个艰难的讯息，同时也是充满前途和希望的讯息。也许这并非人们想听到的。它当然不是探访者所宣扬的。这是一个能够在人与人之间分享的讯息，而且它将被分享，因为这样做是自然的。然而，探访者以及陷入他们说服的人们将会对抗这一觉知。他们不希望看到一个独立的人类。这不是他们的目标。他们甚至认为这是无益的。因此，我们真诚地希望人们能不带恐惧，而是带着严肃的思想和理应具备的深切关注去思考这些讯息。

我们理解，当今世界许多人感受到一个巨变正降临人类。这是隐形存在们告诉我们的。人们把这种改变感归结于很多原因。很多结果被预测。然而除非你们能够开始理解人类正迈进智能生命大社区这一事实，否则你们还无法拥有正确的背景来理解人类的天命或正发生在世界上的巨变。

按照我们的观点，人们生逢其时就是为了服务于那个时代。这是大社区灵性的教义，我们自身也是它的学生。它教导自由和共享宗旨的力量。它给个体、给能够和他人联合的个体赋权——这些思想在大社区里极少被接受或采纳，因为大社区并非天堂。这是一个要面临生存艰难以及随之带来的一切的物质实相。这个实相里的所有个体都必须应对这些需求和问题。在此，你们的探访者比你们想象的更类似你们。他们并非不可理解。他们会试图让你们觉得不可理解，但其实他们是可以被了解的。你们有力量做到这个，但你们必须带着明晰的眼睛去看。你们必须带着一个更伟大远见去看，带着一个更伟大智能去认知，这些都是你们有可能在自身培养起来的。

现在我们有必要进一步讲述第二类影响力和说服活动，因为这非常重要，我们真诚希望你们能够理解这类活动并认真进行思考。

世界上的宗教掌握着人类的奉献和忠诚，这更胜于政府，更胜于其他任何机构。这是人类的优势，因为类似这样的宗教在大社区里很难找到。而这在你们的世界里到处可见，但你们的优势同时也是你们的弱点和易感。很多人希望受到神明的指导和委任，献出自己生命的疆绳，交由更伟大灵性力量来指引、辅导和维护他们。这是一种良好的愿望，但是在大社区的环境里，要想实现这一良好愿望，大量的智慧必须得到培养。我们很痛心地看到人们如此轻意地交出他们的权威——人们自己尚未完全拥有这种权威，就自愿地把它交给那些并不认识的人。

这一讯息注定会触及那些具有更高灵性倾向的人。因此我们有必要针对这一专题详细阐述。我们所宣扬的是在大社区里教授的灵性，这种灵性不受国家、政府或政治联盟控制，而是一种自然灵性——是去认知、去看见、去行动的能力。然而，这不被你们的探访者强调。他们试图让人们相信探访者是他们的家人，探访者是他们的家园，探访者是他们的兄弟姐妹和父母。很多人想相信，所以他们就相信了。人们想交出他们的个人权威，所以就交出了。人们想在探访者中看到朋友或救世主，所以这就被显现给他们了。

这将需要高度的冷静和客观才能看穿这些骗局和困境。如果人类想要成功迈进大社区，并在一个有着更巨大影响力和更强大势力的环境里保持它的自由和独立自主的话，人们就必须做到这点。在这里，你们的世界不需一枪一弹就能被占领，因为暴力被认为是不开化和原始的，在此类事件中极少被采用。

或许你们会问："这意味着我们的世界正在被侵略吗？"我们不得不说，答案是："是"，一场最难以察觉的侵略。如果你们能够接受这些想法并认真思考它们的话，你们就能自己看清这些。到处都是侵略的证据。你们能够看到人们的能力如何因为对幸福、和平和保障的渴望而被削弱，人们的远见和认知能力甚至被他们自己文化内部的影响力所阻碍。在一个大社区环境里，这些影响力要强大得多。

　　这是我们必须呈现的艰难讯息。这一讯息必须被讲明，真相必须被告知，关键且急不可待的真相。人们现在多么必须学习一个更伟大内识、一个更伟大智慧和一个更伟大灵性，从而能够发现他们真正的能力并能有效使用它们。

　　你们的自由危在旦夕。你们世界的未来危在旦夕。正因如此，我们受到委派代表人类的盟友发言。宇宙里存在着那些'维护内识和智慧的存活并修习大社区灵性'者。他们不到处旅行，不对其他世界施加影响。他们不违背意愿绑架人们。他们不偷窃你们的动物和植物。他们不对你们的政府施加影响。他们不寻求和人类交配从而在此创造一种新领袖。你们的盟友不干涉人类事务。他们不操控人类天命。他们从远方注视着，并派像我们这样的使者，冒着巨大危险，来提供辅导和鼓励，并在必要时澄清事件。因此，我们带着和平，带着重要讯息而来。

　　现在我们必须讲述探访者寻求确立的第四类活动，就是通过杂交。他们无法在你们的环境里生活。他们需要你们的物质能量。他们需要你们和世界的天然亲和力。他们需要你们的繁殖力。他们还想和你们维系在一起，因为他们理解这带来效忠。这从某种意义上说，确立了他们在这里的存在，因为这一计划产生的后代将在世界上拥有血缘关系，然而又效忠于探访者。这或许听起来不可思议，但却非常真实。

　　探访者们在此并非剥夺你们的繁育能力。他们在此确立他们自己。他们想让人类相信他们并服务于他们。他们想让人类为他们工作。他们将承诺、提供并去做任何事情来达到这一目标。然而，尽管他们的说服是强大的，可他们的人数很少。但是他们的影响力正在加大，他们的杂交计划已经进行了几代，未来终将奏效。将会出现更高智能但却不代表人类家庭的个体。这种事是可能的，而且在大社区里发生过无数次。你们只需回顾你们自己历史就能看到不同文化和种族的相互影响，以及这些互动能产生多么大的威力和影响。

因此，我们带来了重要的消息，严峻的消息。可是你们必须鼓起勇气，因为这不是左右矛盾的时候。这不是寻求逃避的时候。这不是考虑个人幸福的时候。这是为世界做贡献、强化人类家庭、唤起民众内在那些天赋能力的时候——去看见、去认知并彼此协同行动的能力。这些能力能够抵消当前施加于人类的影响力，但这些能力必须得到提高和分享。这是重中之重。

这就是我们的辅导。它伴随着良好意愿。应该庆幸你们在大社区里拥有盟友，因为你们将需要盟友。

你们正迈进一个更广大宇宙，这里充满你们尚未学会抵御的势力和影响。你们正迈进一个更广大生命场景。你们必须对此进行准备。我们的话只是准备的一部分。一个准备现在正被发送到世界。它并非来自我们。它来自所有生命的创造者。它来得正是时候。因为这是人类需要实现强大和智慧的时代。你们有能力做到。并且你们生命的事件和境况要求你们必须做到。

人类自由面临的挑战

人类在集体性发展进程中正在走向一个非常危险和非常重要的时刻。你们正在迈入智能生命大社区的门槛。你们将遭遇其他族群，他们来到你们世界寻求保护他们的利益并发掘可能存在的机会。他们并非天使或天使般的存有。他们不是灵性个体。他们来到你们的世界是为了资源、结盟以及在新兴世界捞取利益。他们不邪恶。他们也不神圣。在此，他们其实和你们非常相像。他们不过是被他们的需求、他们的组织、他们的信仰和他们的集体性目标所驱使。

这是人类的一个重大时刻，可是人类没有准备。从我们的观测点上，我们能够在一个更广大规模里看到这点。我们不涉入这个世界的个人日常生活。我们不试图说服政府或对世界的某些地方或这里存在的某些资源宣称主权。相反，我们进行观察，并希望报告我们所观察的，因为这是我们来此的使命。

隐形存在们告诉我们，当今很多人感到一种莫名其妙的不安，一种模糊的紧迫感，感到某种事情将要发生，某种事情必须去做。也许在他们的日常体验范畴里，并没有任何事件来证实这些更深刻感受，证明这些感受的重要性，或提供可以表达这些感受的实例。我们能够理解这个，因为我们在自己的历史上也曾经历类似状况。我们代表由几个族群结合成的小型同盟，在宇宙间支持内识和智慧的呈现，尤其针对那些处在迈进大社区关口的族群。这些新兴族群对于外来影响和操控尤其孱弱易感。他们尤其容易曲解他们的境况，这可以理解，因为他们怎么可能理解大社区里生命的意义和复杂性？因此我们希望在准备和教育人类方面发挥我们小小的作用。

在第一部分里，我们对探访者所从事的四类活动进行了广泛的描述。第一类是对居于政府或宗教组织领导地位的重要人物施加影响。第二类是影响那些具有灵性倾向，希望对宇宙更伟大力量敞开胸怀的人们。第三类参与是探访者在世界的战略性区域，在人口密集区附近，建立基地，从而能够在思维环境里发挥他们的影响力。最后，我们讲述了他们与人类的杂交计划，这项计划已进行了相当长时间。

我们理解这一讯息非常棘手，对很多人来说或许非常失望，因为他们多么希望和期盼外来探访者能给人类带来祝福和巨大益处。这种假设和期望或许很自然，但是人类正迈入的大社区是一个艰难和竞争的环境，尤其是在很多不同族群互相竞争并从事贸易和商务互动的宇宙区域里。你们的世界正处在这样的一个区域。这对你们来说可能不可思议，因为一直以来好似你们生活在隔离里，孤单存在于茫茫虚空里。而事实上，你们生活在宇宙一个居住区域里，这里从事着贸易和商务，各种传统、互动和组织由来已久。你们的优势是，你们生活在一个美丽世界上——一个充满生物多样性的世界，较之许多其他世界的严酷环境，这里是一个壮丽的地方。

　　然而，这也给你们的境况带来了巨大紧迫和切切实实的危险，因为你们拥有其他许多族群想自己拥有的东西。他们不寻求毁灭你们，而是获得你们的忠诚和结盟，从而让你们在世界上的存在和活动能为他们带来好处。你们正迈进一系列成熟和复杂的境况。在这里，你们不能像孩子一样，相信和期望从遇见的所有人那里得到祝福。你们必须实现智慧和辨识，正如我们在自己艰难的历史上也必须实现智慧和辨识。现在人类将必须了解大社区之道，了解族群间互动的错综关系，了解贸易的复杂，并了解世界间确立的联盟和同盟的微妙操控。这对人类来说，是一个困难但重要的时刻，如果真正准备得以开展的话，这也是一个有着伟大前途的时刻。

　　为此，在第二部分里，我们将详细讲述各组探访者对人类事务的干预，这对你们可能意味着什么，以及这将要求什么。我们在此不是为了制造恐慌，而是为了唤起一种责任感，带来一个更伟大觉知，并鼓励你们对正在迈进的生活进行准备，一种更伟大生活，同时也是带来更巨大问题和挑战的生活。

　　我们是通过隐形存在们的灵性力量和临在被派遣到这里的。你们可能会友好地把他们认作天使，可是在宇宙大社区里，他们的角色更伟大，他们的参与和他们的联盟是深刻和穿透性的。他们的灵性力量在这里祝福着所有世界所有地方的有情存有们，并倡导更深刻内识和智慧的发展，这使得世界间和世界内部关系的和平建立成为可能。我们在此代表他们。他们要求我们来到这里。他们为我们提供了大量信息，我们自己无法收集的信息。从他们那里，我们了解了你们的许多特质。我们了解了很多关于你们的能力、你们的优势、你们的弱势以及你们的极度易感。我们能理解这些，因为我们的世界也曾经历向大社区迈进的这一重大关口。我们学到了很多，也在我们犯过的错误中遭受了很多苦难，我们希望人类将避免这些错误。

因此我们不仅带来了自己的体验，同时也带着隐形存在们赋予我们的更深刻觉知和更深刻宗旨感。我们从附近的一个位置观察你们的世界，监视到访者们进行的沟通。我们知道他们是谁。我们知道他们从哪里来，以及他们为何来此。我们不是为了和他们竞争，因为我们来此不是为了剥削世界。我们视自己为人类的盟友，我们希望假以时日你们也将认同这点，因为我们的确就是。尽管我们无法证明这点，但我们希望通过我们的话语以及我们的辅导所蕴含的智慧来示范这点。我们希望让你们为前方的道路进行准备。我们肩负使命，带着紧迫感来到这里，因为人类对大社区的准备远远滞后。几十年前的许多与人们建立接触并让人们为未来进行准备的早期尝试，被证明是不成功的。只有少数人能够被触及，而且据我们被告知的，这些接触大多被误解，并被他人因为各种目的所利用了。

因此，我们被派来接替那些之前的努力，来为人类提供帮助。我们为了共同的目的一起工作。我们代表的不是一个强大的军事力量，而是一个秘密和神圣的联盟。我们不想看到发生在大社区里的这类事件在你们世界同样发生。我们不想看到人类成为一个更强大权力网络的附属国。我们不想看到人类丧失自由和独立自主。这些是真正的危险。因此，我们鼓励你们深入思考我们的话，尽可能不带恐惧，而是带着我们知道深藏于所有人内心的那种确信和决心。

今天、明天以及未来的岁月里，那些为了利己目的探访世界者们正在并且将展开大规模的活动，以建立施加给人类族群的一个影响力网络。他们认为他们到此是从人类的手里拯救世界。有些甚至认为他们到此是来拯救人类自身。他们认为自己是正义的一方，并不认为自己的行动不合理或不道德。按照他们的伦理，他们所做的是合理和重要的。然而，对于所有热爱自由的个体来说，这种方式不可能正当。

我们观察探访者的活动，这些活动正在增加。年复一年，更多的探访者来到这里。他们来自远方。他们带来配给。他们在深化他们的接触和活动。他们在你们太阳系的许多地方建立了联络站。他们在观察你们所有的太空探索，并且他们将抵御和毁坏他们认为会干扰他们活动的任何东西。他们不仅寻求对你们的世界，而且寻求对你们世界周围的区域形成控制。因为这里存在着竞争力量。每个力量都代表着几个族群的联盟。

现在让我们着重讲述我们在第一部分提到的四类活动的最后一类。这就是探访者与人类种群的杂交。让我们先给你们讲述一些历史。按照你们的时间，数千年前，几个族群来到地球和人类杂交，从而赋予人类更伟大的智能和适应力。这导致了比较突然的据我们理解被称为"现代人类"的出现。这赋予了你们在你们世界上的统治地位和力量。这发生在很久以前。

然而，现在进行的杂交计划完全不同。它由另外的族群和联盟开展。通过杂交，他们寻求创造一种既属于他们组织又能在你们世界生存并和世界有着天然亲和力的个体。你们的探访者无法在你们世界的表面生活。他们必须要么藏身于地下，正如他们现在所做的，要么住在他们自己的太空飞船里，这些飞船往往隐藏在大面积的水域里。他们想和人类杂交以保护他们在这里的利益，这主要是你们世界的资源。他们想落实人类的拥护，所以他们持续数代在从事杂交计划，而这在过去的二十年间更加紧密地开展着。

他们的目的有两方面。首先，正如我们所说，探访者想创造一种类似人类的个体，能生活在你们世界里，然而又和他们维系在一起，并将具备一系列更强大的敏感度和能力。这个计划的第二个目的是影响他们遇到的所有人，并鼓励人们协助他们的活动。探访者想要并需要人类的协助。这会推进他们所有方面的计划。他们认为你们有价值。然而，他们不把你们视为他们的同类或与他们对等。有利用价值，这是你们被感知的方式。所以，对所有他们将遇到的人，对所有他们将掳走的人，探访者将寻求营造这种优越感、价值感，以及他们在世界上的行动的意义和重要性。探访者将告诉所有他们接触的人，他们是善意到访，他们将向他们捕捉的那些人保证，他们不需要恐惧。对于那些看来接收性强的人，他们将试图建立联盟———一种共享的宗旨感，甚至一种共享的身份和归属感，血缘和天命感。

在他们的计划里，探访者广泛研究了人类生理和心理。他们将利用人们想要的，尤其那些人们想要却尚未得到的东西，如和平和秩序，美丽和安宁。这些将被提供，一些人将会相信。其他的人将仅仅只是根据需要被利用。

在此有必要理解，探访者们相信，为了保护这个世界，他们的所作所为是完全合理的。他们认为他们在为人类提供伟大的服务，所以他们全心投入他们的说服。不幸地是，这示范了关于大社区的一个伟大真理——真正的智慧和真正的内识在宇宙里是罕见的，就和你们世界里一样。你们自然会希望和期盼其他族群已经摆脱了欺诈、自私追求、竞争和冲突。但是，唉，事实并非如此。更强大科技并不能提升个体的思想和灵性力量。

现在，有许多人被违背其自由意志地反复绑架。由于人类非常迷信，寻求否认它无法理解的事情，因此这种低劣行径得以相当成功地开展。就在现在，就有杂交的个体，半人半异类，行走在你们世界上。数目虽少，但未来数量会增加。也许某天你会遇见一个。他们看似和你们一样，但有些另类。你会觉得他们是人类，但他们身上似乎缺少了某种根本性的东西，某种在你们的世界上被珍视的东西。你们有可能分辨和识别出这些个体，但要做到这点，你们必须拥有思维环境的技能，并学习在大社区里内识和智慧的涵义。

我们认为这种学习极其重要，因为从我们的观测点上，我们看到你们世界正在发生的一切，隐形存在们辅导我们那些我们看不到或接触不到的事情。我们理解这些事件，因为这在大社区里发生了无数次，影响和说服被施加在要么太软弱、要么太易感以至无法有效回应的族群身上。

我们希望，同时也相信，听到这一讯息后，你们没人会认为这种对人类生活的侵扰是有益的。那些被迷惑的人将会受到影响而认为这类接触对他们自身、对世界是有好处的。人们的灵性渴望，他们对和平和和谐、归属和包融的期望将被探访者们利用。这些如此特别代表人类家庭的东西，在不具备智慧和准备的情况下，是你们巨大易感的征象。只有那些具备强大内识和智慧的个体能够看清这些说服背后的欺骗。只有他们能够看清施加在人类家庭身上的欺骗。只有他们能够保护自己的思想不受'施加在当今世界很多地方的思维环境里的影响力'的左右。只有他们将看到和认知。

我们所说的远远不够。人们必须学习去看见和认知。我们只能鼓励这个。我们来到你们世界的时机正是配合着大社区灵性教材的呈现，因为这一准备现在就在这里，正因为如此，我们可以成为鼓励的源泉。假如这一准备不在这里的话，我们知道我们的警告和我们的鼓励将不足够，将不会成功。造物主和隐形存在们希望让人类对大社区进行准备。事实上，这是人类此时此刻最大的需要。

因此，我们鼓励你们不要相信这些对人们、对儿童、对家人的绑架会给人类带来任何益处。我们必须强调这点。你们的自由是珍贵的。你们的个体自由和你们作为一个族群的自由是珍贵的。我们用了很长时间才重获我们的自由。我们不想看到你们失去你们的自由。

正在世界发生的杂交计划将会继续。停止它的唯一办法是，人们能够获得这种更伟大觉知和内在权威感。唯此才能终止这些侵犯。唯此才能揭开它们背后的欺骗。我们难以想象，那些被虐待、被再教育和被安抚的人们，那些男人、女人和孩子，正在面临着多么可怕的遭遇。就我们的价值观来看，这种行为是令人发指的。但我们也知道这种事情的确在大社区里发生着，而且自史以来一直在发生着。

或许我们的话将带来越来越多的疑问。这是有益和自然的，但我们无法回答你们所有的问题。你们必须自己去寻找获得答案的方式。但若没有一个准备过程，你们无法做到这点，若没有一个导向，你们无法做到这点。我们理解，此时此刻，人类作为一个整体，无法区分大社区显现和灵性显化。这确实是个艰难的状况，因为你们的探访者能够投射形象，他们能够通过思维环境对人们讲话，他们的声音能够被接收并通过人们进行表达。他们能够施加这种影响，因为人类尚未具备这类技能和辨识。

人类不团结。它四分五裂。它内部相互竞争。这使得你们在面对外来干涉和操控时极其孱弱易感。探访者们所理解的是，你们的灵性渴望和倾向使你们尤其孱弱易感，尤其成为被他们利用的好对象。针对这些，要想获得真正的客观性是多么困难。即使在我们来自的地方，这也是巨大挑战。但对于希望在大社区里保持自由并发挥独立自主的那些族群来说，他们必须发展这些技能，他们必须保护他们自己的资源，以免不得不从外部寻求资源。如果你们的世界丧失了自给自足，它将失去大部分的自由。如果你们必须到你们世界之外寻求必要的生活资源，那么你们将把大部分的权力拱手让给外族。由于你们世界的资源正在迅速减少，对于我们这些远方的观察者来说，这是一个严正的关注。它同样也是你们的探访者的关注，因为他们想阻止你们破坏环境，不是为了你们，而是为了他们。

杂交计划只有一个目的，就是使探访者能够在世界上确立一种存在和一种决策影响力。不要以为探访者们除了你们的资源以外，还需要你们的任何东西。不要以为他们需要你们的人性。他们只希望你们的人性能确保他们在世界上的地位。别沾沾自喜。别沉迷于这样的想法。它们没有根据。如果你们能够学会清晰地看到真实发生的情况的话，你们将能自己看到和认知这些。你们将理解我们为何在此，以及人类在智能生命大社区里为何需要盟友。你们将看到学习更伟大内识和智慧，以及学习大社区灵性的重要性。

因为你们正迈进一个环境，在这里上述要素对于获得成功、自由、幸福和力量至关重要，所以你们将需要更伟大内识和智慧，从而能够在大社区里把自己确立为一个独立的族群。然而，你们的独立正在一天天丧失。你们或许没有看到你们自由的丧失，尽管可能已有所感知。你们怎么可能看到呢？你们无法置身于你们世界之外去见证周遭正发生的事件。你们无法接触到外星势力在当今世界所从事的政治和商务活动，进而理解他们的复杂、他们的伦理或他们的价值观。

永远不要相信，宇宙中从事商务旅行的任何族群是灵性进步的。那些寻求商务的人，寻求的是利益。那些在世界间旅行的人，那些资源探索者，那些想遍插自己旗帜的人，并非你们所认为的灵性进步者。我们不把他们看做是灵性进步的。存在着世俗的力量，也存在着灵性的力量。你们能够理解这之间的区别，现在有必要在一个更广大的环境里看清这一区别。

因此，我们带着承诺感和强烈鼓励而来，鼓励你们维护你们的自由，变得强大和辨识，不屈服于来自你们不认识的人的说服或对和平、权力和包融的承诺。不要自我安慰地认为，对人类甚或对你个人来说，一切都会向好的方向发展，因为这不是智慧。因为任何地方的智者必须学习看到周遭生命的实相，并学习以有益的方式穿越这一生命。

因此，接受我们的鼓舞吧。我们会针对这些情况进一步讲述，并阐明获得辨识和审慎的重要性。我们还会进一步讲述探访者们在世界上从事的一些活动领域，理解这些对你们来说至关重要。我们希望你们能接收我们的话语。

一个重大警示

我们迫切地希望告诉你们更多关于你们世界发生的情况，并且如果可能的话，帮助你们看到从我们的观测位置所看到的东西。我们意识到这难以接受，并将造成巨大的焦虑和关注，但是你们必须被告喻。

从我们的观点看，情况非常严重，我们认为如果人们不能被如实告知的话，那将是巨大的不幸。你们生活的世界里有太多的欺骗，其他许多世界也同样如此，以至真相尽管显在和明显，还是不被认知，它的征象和讯息不被注意。因此，我们希望我们的存在能帮助澄清画面，帮助你和他人看清真实发生的情况。在我们的感知里没有这些妥协，因为我们就是被派来见证我们现在所描述的事件的。

久而久之，或许你们自己也能认知这些情况，可是你们已经没有时间了。现在时间短暂。人类对大社区力量现身所进行的准备远远落后于计划。很多重要人物没有回应。针对世界的侵犯正在加速，比原来预期的步伐要快得多。

时间所剩无已，然而我们带着鼓励而来，鼓励你们分享这一信息。正如我们在前面的讯息里提到的，世界正在被渗透，思维环境正在受到改造和预备。其目的不是毁灭人们，而是要利用他们，让他们成为一个更巨大"集团"的劳工。世界机构，尤其是自然环境受到珍视，探访者们希望保存它们为自己所用。他们不能生活在这里，因此为了获得你们的拥戴，他们在使用我们所描述的很多手段。我们会继续在我们的阐述里澄清这些事情。

　　我们的到来受到几方面因素的阻挠，其中之一就是我们必须直接触及的那些人的缺乏准备。我们的发言人，本书的作者，是唯一一个我们得以建立稳固联系的人，因此我们必须将这些重要信息传递给我们的发言人。

　　据我们了解，按照你们探访者的观点，美国被认为是世界领袖，因此重心会放在这里。但是其他主要国家也将被接触，因为它们也被认知掌握着权力，权力被探访者们理解，因为他们毫不质疑地遵循着权力指令，其服从程度远胜于你们世界。

　　他们将试图说服最强大国家的领袖们开始接受探访者的存在，并通过承诺双方共同利益，有时甚至对某些人承诺对世界的主导权，来劝说他们接受礼赠和合作。处于世界权力架构中的一些人将会对此劝诱给予回应，因为他们认为这是一个伟大的机会，能够带领人类摆脱核战争的阴影，在地球上建成一个新社区，一个由他们领导并服务于他们个人目标的社区。然而，这些领袖们被骗了，因为他们不会被授予这个王国的钥匙。他们将只是权力过渡时期的管理者。

　　你们必须理解这些。这并不很复杂。从我们的视野和观测位置来看，这显而易见。我们在其他地方看到过这个。这是那些拥有自己集团的成熟族群组织招募像你们这样的新兴世界的办法之一。他们坚定相信他们的计划是正义的，是为了使你们世界变得更美好，因为人类不被高度尊重，从他们的观点来看，你们尽管存在某些优点，但你们的缺点远超过你们的潜力。我们不赞成这种观点，不然的话，我们也不会采取这种姿态，不会作为人类的盟友来为你们提供服务了。

因此，人类在辨识方面存在着巨大困难，巨大挑战。人类面临的挑战是理解谁是真正的盟友，并能够把他们和潜在的对手区分开。这里不存在中立方。这个世界太珍贵了，它的资源被认为是独特的并拥有巨大的价值。在涉入人类事务的族群里不存在中立组织。外星干涉的真正本质是发挥影响和掌控，并最终在这里确立统治地位。

我们不是探访者。我们是观察者。我们不对你们的世界宣称主权，我们不计划在此确立我们自己。因此，我们的名字保持隐匿，因为除了以这种方式向你们提供辅导外，我们不寻求和你们建立关系。我们无法控制结局。我们只能就你们民众面临这些重大事件时必须做出的选择和决定提供建议。

人类有着远大前程，并且孕育了丰富的灵性传承，但是对于正在迈进的大社区却一无所知。人类是分裂的、内讧的，因此很容易被外来力量所操控和侵犯。你们的民众只专注于今天的事务，却未能认知明天的实相。如果无视世界的更伟大运动，并假想当前发生的干预对你们有利的话，你们怎么可能获得任何益处呢？如果你们能看清事情真相的话，相信你们中间没有一个会这样认为。

某种意义上说，这是视野问题。我们能看到而你们看不到，因为你们没有观测点。你们必须走出你们的世界，走出你们世界的影响力范围，才能看到我们所看到的。不过，为了看到我们所看到的，我们必须保持隐匿，因为一旦被发现，我们肯定会被消灭。因为你们的探访者们认为他们在这里的使命至关重要,他们认为地球在几个目标星球里是最具希望的。他们决不会因为我们而停止。因此,这关乎你们自己的自由,你们必须去珍惜,你们必须去捍卫。我们无法代替你们去做。

任何世界,如果想在大社区里建立自己的统一、自由和独立自主,必须首先确立这一自由,并在必要时捍卫它。否则,必然陷入被统治的结局,而且是彻底被统治。

为何探访者想得到你们的世界?这显而易见。他们并非对你们特别感兴趣。而是你们世界的生物资源。是这个太阳系所处的战略地位。只因这些被珍视并能够被利用,你们对他们才是有用的。他们将提供你们想要的,他们将讲你们想听的。他们将提供诱惑,他们将利用你们的宗教和你们的宗教理想来使你们更有信心并更相信,他们比你们更理解你们世界的需求,并能通过服务于这些需求给这里带来更大的安宁。因为人类似乎没有能力实现团结和秩序,于是许多人将向他们认为更有可能做到这点的外族敞开思想和心扉。

在第二部分,我们简单讲述了杂交计划。一些人曾听说过这一现象,我们理解人们就此有过一些探讨。隐形存在们告诉我们,针对这个计划的存在,有着不断增长的觉知,但不可思议的是人们竟看不出其明显用意,因为人们在这个问题上太沉溺于自己的偏好,对于应对这一干预所代表的含义太缺乏准备。显然,杂交计划是试图将人类对这个物质世界的适应性与探访者的集体思想和集团意识相结合。这样产生的后代最适合成为人类的新领袖,一个诞生于探访者的意志和活动的领袖。这些个体在世界上拥有血缘关系,因此其他人会和他们关联,并接受他们的存在。然而他们的思想没有和你们在一起,他们的心也没有和你们在一起。

尽管他们可能同情你们的状况以及你们未来可能的境况，但他们既没有个人权威，也没有接受过内识和洞见之路的培训，因而无法协助你们或抵制养育他们并赋予他们生命的集团意识。

你看，个人自由不被探访者所重视。他们认为那是鲁莽的，不负责任的。他们只理解他们自己的集团意识，认为这是荣耀和神圣的。然而他们无法触及真正的灵性，这在宇宙中被称为内识，因为内识诞生于个体的自我发现，并透过高品质的关系而产生。而在探访者的社会构架里，两样皆不存在。他们无法独立思考。他们的意志不属于他们自己。因此他们自然不会尊重你们世界发展这两个伟大现象的前景，更不会致力于培养这些。他们只寻求服从和效忠。他们将在世界上倡导的灵性教育只是为了让人们顺从、敞开心扉以及打消疑虑，从而可以获取他们从未赢得的信任。

我们已在其他世界看到过类似情况。我们看到过整个世界陷入这类集团的控制之下。宇宙中存在着许多这样的集团。因为这些集团从事星际贸易并涉足广大区域，所以他们不带偏差地坚持严格服从。他们中不存在个体性，至少不存在你们能认知的个体性。

我们不敢肯定是否能在你们的世界里找出相似的例子，但我们被告知你们世界存在着跨文化商务集团，拥有巨大的权力，但只由少数人执掌。这可能是我们所描述状态的一个比较接近的类比。然而，我们所说的远比你们世界所见的更强大、更邪恶、更成熟。

确实，对于所有的智能生命来说，恐惧是一种破坏性力量。但如果能被正确感知的话，其实恐惧只是服务于一个目的，就是通知你危险的存在。我们关注，这是我们恐惧的本质。我们理解什么处于危险之中。这是我们关注的本质。你们的恐惧是因为你们不知道正在发生什么，因而这是一种破坏性的恐惧。这一恐惧无法给你们赋权或是为你们提供你们所需的感知，以理解你们世界里正在发生什么。

如果你们能被告喻，那么恐惧转化成关注，关注转化成建设性的行动。我们不知道还有什么其他方式可以进行描述。

杂交计划非常成功。你们中间已经行走着一些诞生于探访者意识和集团努力的个体。他们无法长久居住这里，但再过几年时间，他们就能永久地生活在你们世界的表面。通过基因工程的完善，这些人看起来和你们只有轻微的差别，主要在于他们的举止和仪态，而非在于他们的外貌，因此他们很难被发觉或认出。然而，他们将拥有更强大的思想技能。这使他们有着你们无法比拟的优势，除非你们受到了洞见之路的训练。

这就是人类正在迈进的更广大实相——一个充满神奇和恐怖的宇宙，一个影响力的宇宙，一个竞争的宇宙，然而也是一个充满恩宠的宇宙，它很像你们自己的世界，只是无限广大得多。你们寻找的天堂不在这里。然而，你们必须应对的势力在这里。这是你们族群所面对的最重大关口。我们小组里的每个成员都曾在我们各自的世界里经历过这个，这里存在大量的失败，只有少数成功了。那些能够维护自己自由和独立的族群，必须实现强大和统一，并可能要在很大程度上避免与大社区互动以维护这一自由。

如果你们思考这些，可能你们将看到你们自己世界的前景。隐形存在们告诉我们许多关于你们的灵性发展及其伟大前途，但他们也同时辅导我们，现在你们的灵性倾向和理想正在受到强烈的操控。整套的教育体系被引入世界，教导人们默从，放弃重要能力，只重视享乐和舒适。这类教育使人们丧失了接触自己内在内识的能力，直至某天人们感觉他们完全依赖于他们无法识别的更强大势力。到那个时候，他们将顺从地去做给他们做的任何事，即使感到有些不对，他们也已经失去了反抗的力量。

人类已经在隔离里生活了很长时间。或许人们认为这种干预不可能发生，每个人都对自己的意识和思想拥有主导权。但这仅仅是假设。不过，我们也被告知，你们世界的智者已经学会超越这些假设，并获得了力量建立他们自己的思维环境。

我们恐怕我们的话已为时太晚，产生的影响力太小，我们选择的信息接收人太缺少帮助和支持，而无法使这一信息传播出去。他将面对怀疑和嘲讽，因为没人相信他，他所要说的与很多人假想为真的情况相矛盾。那些已陷入外星说服的人，他们尤其将反对他，因为在这方面他们别无选择。

针对这种严峻现状，所有生命的创造者发来了一个准备，一个关于灵性能力和辨识、力量和成就的教程。如同遍布宇宙的许多存有一样，我们也是这一教程的学生。这一教程是一种神圣干预形式。它不属于任何世界。它不是任何族群的财产。它不以任何英雄或女杰、任何个人为中心。这一准备就在这里。它将被需要。从我们的观点看，这是当前唯一能给人类一个机会在面对你们在大社区里的新生活时实现智慧和辨识的东西。

正如你们世界历史上曾经发生过的，首批到达新地域的是探索者和征服者。他们不是为了利他原因而来。他们来寻求权力、资源和统治。这是生命的本质。如果人类谙熟大社区事务的话，你们就会抵制任何对你们世界的探访，除非事先订立了双边协议。你们就会有足够的认知，不允许你们的世界如此孱弱易感。

当前，有不只一个集团在这里为各自利益相互竞争。这将人类置于一系列很特别同时又有启发性的境况之下。正因为如此，探访者的信息经常前后不一致。他们之间存在着冲突，但如果发现共同利益，他们就会彼此协商。然而，他们依然是竞争关系。对他们来说，这里是新疆域。对他们来说，你们只是被看作可利用。当你们被认为不再有利用价值时，你们将被简单抛弃。

在此，对你们世界民众，尤其居权力和责任地位的那些人来说，认出灵性临在和大社区探访者的区别是一个巨大挑战。然而你们怎么可能具备做出这一分辨的体系呢？你们从哪儿能够学习这些呢？你们世界里谁能传授大社区实相呢？唯有一个来自世界以外的教程能够让你们对世界以外的生命进行准备，现在世界外的生命就在你们世界上，寻求确立他们自己，寻求拓展它的影响，寻求赢得各地人们的思想、心灵和灵魂。这如此简单。然而又是如此毁灭性。

因此，我们这些讯息的任务是带来一个重大警示，但只有警示是不够的。必须在你们的民众中存在一种认识。至少有足够的人必须理解你们正面临的实相。这是人类历史上最重大的事件——对人类自由的最重大威胁，和人类实现团结合作的最伟大机遇。我们认知这些伟大益处和可能，但随着一天天过去，希望变得越来越渺茫——因为越来越多的人陷进去，他们的觉知被重新调制和构建，因为越来越多的人在学习探访者所倡导的灵性教育，越来越多的人变得更加默从且更难辨识。

我们接受隐形存在们的委派以观察者的身份来此服务。如果成功了，我们将留在你们世界附近一段时间以继续为你们提供信息。之后，我们将返回自己的家园。如果失败了，如果浪潮转向反人类的一边，如果巨大黑暗、霸权统治的黑暗笼罩了世界，那我们将必须离开，带着我们未完成的使命。无论何种结果，我们都不会留在这里，当然如果你们显现了希望的话，我们会留下来直到你们安全为止，直到你们可以自我支持为止。这要求你们自给自足。如果你们开始依赖外族贸易，这会造成被外来者操控的巨大风险，因为人类尚未强大到足以抵御对思维环境能够进行并正在进行影响的力量。

　　探访者们将会努力制造他们是"人类的盟友"的印象。他们会说他们是来拯救人类的，只有他们能提供人类无法给自己提供的伟大希望，只有他们能在世界上建立真正的秩序和和谐。但这种秩序和和谐是他们的，不是你们的。他们承诺的自由不是给你们享受的。

对于宗教传统和信仰的操控

为了理解探访者在当今世界上的活动，我们必须呈现更多信息，关于他们对世界宗教机构和价值观以及人们根本性的灵性冲动所施加的影响力，这种灵性冲动是你们本质里共有的，从很多方面来说，也是大社区许多地方的智能生命所共有的。

首先我们必须说明，探访者在世界上从事的活动，已经在大社区的许多地方针对许多文明开展过许多次。你们的探访者并非这些活动的原创者，他们只不过根据自己的判断在使用它们，并且他们过去已经使用过许多次。

重要的是你们要理解在大社区里，影响和操控技能已经发展到了很高运作水平。当族群在科技上变得更灵巧更有能力时，他们会对彼此发挥更微妙更邪恶的影响力。人类只进化到了与彼此竞争的阶段，因此你们尚不具备这种适应力。这一点本身，正是我们为你们呈现这一材料的原因之一。你们正在进入一系列全新的环境，这不仅要求你们培养内在能力，还要学习新的技能。

尽管人类代表一种独特的境况，但是向大社区的迈进在其他族群已发生过无数次。因此，发生在你们身上的事以前也发生过。这套体系已得到高度发展，现在只是被调整成针对你们的生活和现状，据我们的感觉这是比较容易的。

部分原因是，探访者所实行的安抚计划使这成为可能。对于和平相处的渴望，对于避免战争和冲突的渴望是良好的，然而这有可能，事实上也正在被用来对付你们。甚至你们最崇高的渴望也能被用于其他目的。在你们自己的历史里，在你们自己的本质里，以及在你们自己的社会里，你们看到过这个。和平只能建立在智慧、合作和真正能力的坚实基础上。

人类自然关注在自己的部落和国家间建立和平关系。然而，现在它有一系列更巨大的问题和挑战。我们把这看作是你们发展的机会，因为唯有迈进大社区的挑战，才能让世界实现统一，并为你们提供基础使得这一统一做到真实、坚定和有效。

因此，我们在此并非批评你们的宗教组织或你们最根本的冲动和价值观，而是要阐述它们如何被干预你们世界的那些外星族群利用来对付你们。我们希望尽我们的力量来鼓励你们，正确利用你们的禀赋和你们的成就来维护你们的世界、你们的自由以及你们作为一个族群在大社区环境里的正直。

探访者在他们的行事方面是非常实用性的。这既是优点也是缺点。就我们的观察，无论在这里还是其他地方，我们发现他们很难去改变他们的计划。他们对变化缺乏适应性，也无法非常有效地处理复杂情况。所以，他们以一种近乎草率的方式推行他们的计划，因为他们感觉他们是正确的，他们是优越的。他们不相信人类会对他们发起抵制——至少不是对他们造成强烈影响的抵制。而且他们觉得他们的秘密和他们的计划保守得很好，超出人类的理解。

在这方面，显然在他们看来，我们给你们提供这一材料的活动，使我们成为他们的敌人。然而，在我们看来，我们只是在努力抵消他们的影响，提供你们所需要的理解和你们必须依赖的视野，以维护你们作为一个族群的自由和应对大社区实相。

由于他们行事的实用性质，他们希望以最大的效率达到他们的目标。他们希望统一人类，但这必须与他们自己在世界的参与和活动相协调。对他们来说，人类统一是一个实用性的关注。他们不重视文化多样性；他们显然在自己的文化里不重视这个。因此，在他们施加影响力的任何地方，只要可能，他们都将试图消灭它和最小化它。

在我们前面的论述里，我们讲述了探访者对人类灵性新思潮的影响——针对你们当今世界关于人类神性和人类本质的新思想和新表达。现在，我们将着重讲述你们的探访者试图影响并正在影响的传统价值观和机构。

为了倡导统一性和服从性，探访者将依赖那些机构和那些价值观，他们认为这些是最稳定的，并且对他们最有实用性。他们对你们的想法不感兴趣，他们对你们的价值观不感兴趣，除非这些有助于推进他们的计划。别自欺地认为他们会着迷于你们的灵性，因为他们本身缺少这些东西。这将是一个愚蠢甚或致命的错误。别以为他们迷恋你们的生活或迷恋你们感兴趣的那些东西。因为只有在极个别的情况下，你们才可能以这种方式影响他们。所有天然的好奇心已经从他们身上剔除了，几乎所剩无几。事实上，他们身上几乎没有你们所谓的"精神"，或我们称之为"Varne"或"洞见之路"的存在。他们既是受控的，也是进行控制的人，遵循着被明确确立和严格执行的思考和行为模式。他们可能看似在强调你们的想法，但这只是为了获得你们的效忠。

在你们世界的传统宗教机构里，他们将寻求利用未来能带来你们对他们的效忠的那些价值观和那些基本信仰。让我们举一些例子，有些来自我们自己的观察，有些来自隐形存在们长期以来给予我们的洞见。

你们世界的很多人遵循基督教。我们认为这很好，但这当然不是回答灵性身份和生命宗旨根本问题的唯一途径。探访者将利用这种忠诚于唯一领袖的基本思想，来实现人们对他们目标的效忠。在这个宗教的环境里，耶稣基督的身份将被大量利用。关于耶稣再次回归世界的希望和承诺，为你们的探访者提供了绝佳机会，尤其是在这个世纪转折点上。

根据我们的理解，真正的基督不会返回世界，因为他正和隐形存在们一起致力于服务人类还有其他族群。那个将以他的名义到来的人其实来自大社区。他将是由身处当今世界的集团专门为此目的孕育和培养起来的。他将显现人的形象，并将具有比你们此刻能够达成的高得多的能力。他将显得完全利他。他将能够施展一些或令人恐惧或令人敬畏的行为。他将能够投射天使、恶魔或他的上司希望呈现给你们的任何形象。他将看似拥有灵性力量。然而他将来自大社区，他将是集团的一份子。他将造就人们对他的拥戴。最终，对于那些不追随他的人，他将鼓动对他们的异化或消灭。

探访者不在乎你们多少人会被消灭，只要他们得到大多数人的基本效忠。

因此探访者将专注于带给他们这种权威和影响力的那些基本思想。

因此，二次回归正在被你们的探访者们准备着。我们理解，证据已经存在于世界上。人们没有意识到探访者的存在或大社区实相的本质，因此他们自然将毫不质疑地接受他们原来的信仰，感到他们的救世主、他们的上师回归的伟大时刻到来了。但是到来的那个人将不是来自天国主人，他将不代表内识或隐形存在们，他将不代表造物主或造物主的意志。我们看到这个计划正在世界上形成。我们也曾看到类似的计划在其他世界开展。

在其他的宗教传统里，统一性将被探访者所鼓吹——你可以把这称为一种基于过去的基本宗教形式，基于对权威的效忠以及基于对机构的服从。这服务于探访者。他们对你们宗教传统的意识形态和价值观不感兴趣，只关注它们的利用价值。人们越能以同样方式去想，以同样方式行事，并以可预期的方式回应，他们对集团就越有利用价值。这种服从性正在许多不同的传统里被倡导。其目的不是让它们变得都一样，而是让它们内部简单化。

在世界的某个地区盛行某个特定的宗教意识形态；在世界的另一个地区，另一种宗教意识形态盛行着。这对你们的探访者是完全有利的，因为他们不在乎是否存在多种宗教，只要那里存在秩序、服从和效忠。他们自己没有你们能够服从或认同的宗教，所以他们将利用你们的宗教来生成他们自己的价值。因为他们唯一的价值观就是对他们的目的和集团的完全拥护，并寻求你们的完全拥护，从而按照他们指示的方式和他们参与。他们将向你们保证这将给世界带来和平和救赎，还有这里最珍视的任何宗教形象或人物的回归。

这并不是说主体宗教受到了外星势力的控制，因为我们理解，主体宗教在你们世界得到良好确立。我们所说的是，这种冲动和这种机制将得到探访者的支持，并被他们为他们自身目的所利用。因此，所有自身传统的真正信徒们必须非常谨慎地辨识这些影响，并且如有可能的话，去抵消它们。在此，探访者们试图说服的不是世界上的普通人；而是领袖。

探访者们坚信如果他们不及时进行干预的话，人类将毁掉自己和世界。但这并非基于事实；这只是一种假设。尽管人类的确处于自我毁灭的危险中，但这不一定就是你们的天命。可集团们这样认为，因此他们必须紧急行动起来，并着重强调他们的说服计划。那些能被说服的人将被视为是有用的；那些不能被说服的人将被抛弃和异化。一旦探访者强大到足以完全控制世界时，那些不服从者将被简单地消灭。然而探访者们将不会自己动手。这将由那些完全陷入他们说服的人来执行。

我们理解这是一个可怕的景象，但如果你们想要理解和接收我们在我们的讯息里所表达的情况的话，就必须不带任何困惑。这并非人类的毁灭，探访者所寻求的是人类的整合。他们为了这个目的将与你们杂交。他们为了这个目的将试图对你们的宗教冲动和机构进行重新定向。他们为了这个目的将在世界上秘密确立他们自己。他们为了这个目的将去影响政府和政府领袖。他们为了这个目的将去影响世界上的军事力量。探访者们有信心他们能够取得成功，因为至今人类尚未发起足够的抵制，以对抗他们的行为或阻止他们的计划。

为了抵消这个，你们必须学习大社区内识之路。宇宙中的任何自由族群都必须学习内识之路，无论这在他们自己的文化里如何定义。这是个体自由的源泉。这使个体和社会能够拥有真正的正直和必要的智慧，去应对无论他们世界里还是大社区里对抗内识的影响力。因此有必要学习新的道路，因为你们正在迈进一个充满新势力和新影响的新境况。事实上，这不是什么未来前景，而是即刻的挑战。宇宙中的生命不会等着你们做好准备。无论你们准备与否，事件都将发生。探访在未经与你们协商、未经你们许可下已经发生。你们的基本权利正在以远远超出你们意识到的程度受到侵犯。

正因为如此，我们被派来，不仅是为了提供我们的视野和我们的鼓励，同时为了响起一个召唤，一个警示，以启发一种觉知和一种承诺。我们前面说过，我们不能通过军事干预来拯救你们族群。那不是我们的角色。即使我们试图这样做，并集合了力量开展这一行动，那么你们的世界将被毁灭。我们只能提供建议。

你们未来将看到宗教信仰以暴力的方式进行表达，用于对付持不同意见的人，对付弱小的国家，并被当做攻击和毁灭的武器。探访者最希望看到的就是由你们的宗教机构来管理国家。对此你们必须抵制。探访者最想看到的就是所有人共享宗教价值观，因为这更利于增加他们的劳工力量，并让他们的任务更轻松。在它所有的显现里，这一影响说到底就是默从和屈从——意志的屈从、宗旨的屈从、个人生命和能力的屈从。然而这将被赞颂为人类的一个伟大成就、社会的一个伟大进步、人类族群的一个新统一、和平安宁的一个新希望、人类灵性战胜人类本能的一场胜利。

因此，我们带着辅导而来，并鼓励你不要做出不明智的决定，不要把你的生命交给你不理解的事物，不要为了得到任何承诺的回报而放弃你的辨识和你的审慎。我们必须鼓励你不要背叛你内在的内识，你与生俱来的灵性智能，它现在抱持着你唯一且最伟大的前途。

听到这些，你们可能会把宇宙看做一个缺乏恩宠的地方。你们可能会变得悲观和忧虑，认为贪婪无所不在。但这不是事实。你们现在需要的是变得强大，比现在、比曾经更加强大。在你们拥有这一力量之前，不要欢迎来自那些干预你们世界者的沟通。不要对来自世界外的探访者敞开你们的思想和心灵，因为他们到此是为了自己的目的。不要以为他们将实现你们宗教的预言或最伟大理想，因为这是妄想。

大社区里存在着伟大的灵性力量——一些个人甚至国家，已经达到了相当高的成就，远超过人类迄今所示现的程度。但他们不会到来并控制其他的世界。他们不代表宇宙里的政治和经济力量。他们不从事超出他们基本需要以外的商务活动。除非紧急情况，否则他们很少旅行。

他们派出使者去帮助那些正在迈进大社区的族群，像我们这样的使者。还存在着灵性使者——隐形存在们的力量，他们能够对那些准备好接收并表现出正直内心和良好前途的人进行讲话。这就是上帝在宇宙里工作的方式。

你们正迈进一个艰难的新环境。你们的世界对外族来说极富价值。你们需要保护它，你们需要保护你们的资源，这样你们就不需要或依靠和其他国家进行交易来获取生活的基本必需品。如果你们不保护你们的资源，你们将不得不丧失很大程度的自由和自给自足。

你们的灵性必须是明智的。它必须基于真实的体验，因为价值观和信仰、仪式和传统会被且正在被你们的探访者利用来达成他们自己的目的。

在此，你们可以开始看到你们的探访者在某些方面很羸弱。让我们对此进一步探讨。从个体来讲，他们缺乏主见，并难以应对复杂情况。他们不理解你们的灵性本质。他们更不理解内识的激发。你的内识越强大，你就变得越难以理解，你就越难被控制，你对他们及他们的整合计划来说就越没有利用价值。从个体来讲，你的内识越强大，你就成为他们的更巨大挑战。越多个体的内识变得强大，探访者就越难孤立他们。

探访者不具备强壮的身体。他们的力量是在思维环境和科技的使用上。他们的人数和你们相比是少量的。他们完全依赖你们的默从，而且他们对于'他们会成功'过于自信。根据他们目前的经验，人类还没有进行强大的抵制。然而你的内识越强大，你就越成为反抗干预和操控的一个力量，你就越成为维护你们族群自由和正直的一个力量。

尽管可能不会有很多人听到我们的讯息，但是你的回应是重要的。或许人们倾向于否认我们的存在和我们的实相，并对抗我们的讯息，然而我们在遵循内识而发言。因此，只要你拥有自由去认知，我们的话就能被你的内心体认。

我们理解我们呈现的内容挑战了许多信仰和传统。甚至我们在这里的出现也看似不可理解，并将被很多人否认。然而我们的话语和我们的讯息能够和你产生共鸣，因为我们带着内识讲话。真理的力量是宇宙里最伟大的力量。它有力量带来自由。它有力量带来启迪。它有力量给需要它的那些人提供实力和信心。

我们被告知，人类的良知得到高度珍视，尽管可能没有得到一贯遵循。在我们谈到内识之路时，我们所指的正是这一良知。它是你们所有真正灵性冲动的基础。它已然包含在你们的宗教里。它对你们来说并不陌生。但它必须得到珍视，否则我们和隐形存在们针对人类对大社区的准备所做的努力将无法成功。太少的人将会回应。真理将成为他们的负担，因为他们将无法有效地分享它。

因此，我们在此不是要批评你们的宗教机构或传统，只是要阐明它们如何能被利用来对付你们。我们在此并非取代它们或否认它们，而是要展示真正的正直如何必须在这些机构和传统中得到贯彻，这样它们才能以真实的方式服务于你们。

在大社区里，灵性体现在我们所讲的内识里，内识是你内在精神的智能和精神的运动。它赋权你去认知而非只是相信。它让你对说服和操控产生免疫，因为内识不会被任何世俗的力量或势力操控。这为你们的宗教带来生机，为你们的天命带来希望。

我们坚信这些思想，因为它们是根本性的。然而它们不存在于集团里，如果你遭遇集团，甚或只是他们的临在，而你有力量维护自己的思想的话，你将能够自己看到这个。

我们被告知，世界上许多人希望奉献他们自己，把自己交付给生命中的一个更强大力量。这并非人类世界特有的，然而在大社区里这种做法带来的是奴役。我们理解在你们自己的世界里，在探访者以如此数量到来之前，这种做法也往往造成奴役。可是在大社区里，你们更加孱弱，必须更智慧、更小心、更自给自足。在此，鲁莽带来沉重代价和巨大不幸。

如果你能回应内识并学习一条大社区内识之路，你将能够自己看清这些。然后你将确认我们的话，而非只是相信或否认它们。造物主让这成为可能，因为造物主希望人类为这一未来做出准备。正因为如此，我们才会到来。正因为如此，我们进行观察，并拥有现在的机会来报告我们的所见。

世界的宗教传统在其基本教义里是对你们有益的。我们有机会从隐形存在们那里了解它们。但它们也代表着潜在的弱点。如果人类更警觉，并理解大社区生命的实相以及过早探访的含义的话，你们的风险就不会像今天这样严重。人们希望和期待这种探访会带来巨大奖赏并将是你们的一个成就。然而你们还未能了解大社区实相或是正在和你们世界互动的强大势力。你们的缺乏理解和对探访者过早的信任对你们没有益处。

正因为这个原因，遍布大社区的智者保持着隐匿。他们不寻求大社区商务。他们不寻求成为协会或贸易合作体的一部分。他们不寻找与许多世界建立外交。他们的支持网络本质上更神秘、更灵性。他们理解暴露于物质宇宙生命实相的风险和艰难。他们保持他们的隔绝，他们在边界上保持警惕。他们只寻求以本质上更加非物质的方式拓展他们的智慧。

在你们自己的世界上，或许你们在那些最智慧、最有天赋的人身上能够看到类似的体现，他们不会通过商务渠道寻求个人的好处，他们不屈从于征服和操控。你们自己的世界告诉你们如此之多。你们自己的历史告诉你们如此之多，并示现了我们在此呈现的一切，尽管是在一个更小范围内。

因此，我们的意图不只是警示你们现实状况的严重性，同时如果可能的话，向你们提供你们所需的对生命的一种更广大感知和理解。我们相信将有足够多人能够听到这些话，并对内识的伟大做出回应。我们希望有人能够认识到，我们的讯息在此不是为了激起恐惧和惊慌，而是为了激发维护你们世界自由和正义的责任感和一种承诺。

如果人类在抵制干预中失败了，我们能够构想出这所意味的画面。我们已在其他地方看到过，因为我们每个人都曾在自己的世界里接近过这个边缘。作为一个集团的一部分，地球的资源将被开采，人们将被关起来进行劳动，反抗者和异己者将被异化或消灭。世界将会因为其农业和矿物资源而得到维护。人类社会将继续存在，但只是作为地球外权力的附属。一旦世界的利用价值被耗尽，资源被采光，你们就会被抛弃；你们世界上的支持性生命将被带走，你们的生存必需品将被偷走。这已在其他许多地方发生过。

具体到这个世界，集团可能会选择保护世界，将其做为战略驿站和生物储备地长期使用。但是在这种压制制度下，人类人口将遭受严重打击。人类人口将会缩减。人类的管理权将被赋予那些经特殊哺育的按照新秩序行事的领袖。你们所认知的人类自由将不复存在，你们将在严厉而明确的外族制度统治下艰难度日。

大社区里存在着很多集团。它们有大有小。有些在行为上更道德；多数则并非如此。它们在一定程度上，因为诸如世界管理权等机会而彼此竞争，这可能会造成一些危险的行动。我们必须阐明这点，这样你们对我们所说的就不会存在任何疑惑。摆在你们眼前的选择非常有限，但也非常根本性。

因此，要理解从你们探访者的角度看，你们都是需要得到管理和控制的部落，以服务于探访者的利益。为了这一目的，你们的宗教和某种程度的社会架构会被保留。但是你们将失去很多。很多东西将在你们尚未意识到被夺走之前就失去了。因此，我们只能倡导一种警觉，一种责任感，和一种学习承诺——学习有关大社区的生命，学习如何在一个更广大环境里保护你们自己的文明和你们自己的实相，并学习如何看清谁在这里服务你们，并将他们和其他非此目的者区分开。这种更伟大辨识在你们世界里是如此需要，哪怕只是为了解决你们自身的难题。而针对你们在大社区里的生存和福祉，这更是绝对根本性的。

因此，我们鼓励你们鼓起勇气。我们有更多要和你们分享。

关口：人类的新希望

为了针对世界上的外星存在进行准备，有必要更多了解大社区里的生命——未来将涵盖你们世界的生命，你们将成为其组成部分的生命。

人类的天命始终是迈进一个智能生命大社区。这不可避免，并发生在所有存在智能生命播种和发展的世界里。最终，你们会意识到你们生活在一个大社区里。最终，你们会发现你们在你们自己的世界里并不孤单，探访正在发生，你们将必须学习应对遍布你们所处大社区里的不同族群、势力、信仰和态度。

迈进大社区是你们的天命。你们的隔离现在结束了。虽然你们的世界过去已被探访了很多次，但你们的隔离状态到达了终点。现在你们有必要意识到你们不再孤单——在宇宙里，甚至是在你们自己的世界里。这一理解在正被呈现给当今世界的大社区灵性教程里有更全面的阐述。我们在此的角色是讲述大社区真实的生命样貌，以便你们对正在迈进的更广大生命场景获得更深入的理解。这是必要的，因为这能够让你们以更大的客观性、理解和智慧去接触这一新实相。人类已经在相对隔离中生活了太久，你们自然会认为宇宙其他区域同样是按照你们所珍视，并作为你们行动和对世界感知的基础的思想、原则和科学来运作。

　　大社区是广袤的。它最远的边际从未被探索过。它比任何族群能够理解的更广大。在这宏伟的创造里，智能生命以各种进化阶段和不计其数的表达存在着。你们的世界存在于大社区一个相对热闹的区域。大社区有许多区域从未被探索过，另外一些区域有着隐匿存在的族群。从生命的显化来说，大社区里应有尽有。尽管据我们的描述，生命看似艰难和挑战，但造物主在四面八方工作着，通过内识唤回分离者。

　　在大社区里，没有任何信仰、意识形态或管理形式能适用于所有族群和所有民众。因此，当我们谈及宗教时，我们所讲的是内识的灵性，因为这是深藏于所有智能生命内在的内识力量和临在——你们的内在、你们探访者的内在以及你们未来将遇到的其他族群的内在。

　　这样，宇宙性的灵性成为重要的关注点。它把你们世界流行的不同理解和想法融合到一起，并为你们自身的灵性实相提供了一个共享的基础。然而学习内识不仅具有教育意义，它对在大社区里的生存和发展是至关重要的。为了使你们能够在大社区里确立和维续你们的自由和独立，你们世界里必须有足够多的人发展这一更伟大能力。内识是你们唯一不被操控或影响的部分。它是所有智慧理解和行动的源泉。在一个大社区环境里，如果你们珍视自由并希望确立你们自己的天命，而不被整合进某个集团或另一个社会的话，那么内识是必不可少的。

　　所以，在我们讲述当今世界面临的严重现状的同时，我们也呈现给人类一个伟大礼物和一个伟大前途，因为造物主不会让你们对大社区毫无准备，这是你们作为一个族群将面对的一个最重大关口。我们同样被赋予过这个礼物。根据你们的历法，我们已经保有这个礼物很多世纪了。我们既是基于自身的选择，也是基于必要性，而必须学习它。

事实上，正是内识的临在和力量，使我们能够作为你们的盟友发言，并在这些简报里提供我们在呈现的信息。假使我们从未发现这个伟大启示，我们就会隔离在我们自己的世界里，无法理解将影响我们未来和天命的宇宙更强大势力。因为呈现给你们当今世界的这一礼物，也曾被呈现给我们和其他同样显现了希望的很多族群。这个礼物对于像你们这样拥有前途，然而在大社区里又是如此孱弱的新兴族群来说，尤其重要。

因此，尽管宇宙里不存在唯一的宗教或意识形态，但对所有族群来说，存在着一个宇宙性的原则、理解和灵性实相。它如此的完满，它能够对与你们差别巨大的族群讲话。它对以各种显化形式存在的生命讲话。而一直生活在自己世界里的你们，现在有机会学习这一伟大实相，亲身体验它的力量和恩宠。事实上，我们最终想要强调的正是这一礼物，因为它将维护你们的自由和你们的独立自主，并将开启通向宇宙中一个更伟大前途的大门。

不过，在起点处你们面临着逆境和巨大挑战。这要求你们学习一种更深刻内识和一个更伟大觉知。如果你能够回应这一挑战，那么你不仅自己成为受益者，而且会给你们整个族群带来益处。

大社区灵性教程正在被呈现在当今世界上。它过去从未被呈现在这里。它被赋予一个个人，他担当着这一传统的媒介和发言人。它在这个关键时刻被发送到世界上，因为此刻人类必须了解它在大社区里的生活以及正在影响当今世界的更强大势力。

唯有一个来自世界外的教程和理解能够为你们提供这个裨益和这个准备。

你们在开展这一伟大任务中并不孤单，因为宇宙中还有其他族群也在经历这些，甚至和你们处于同样的发展阶段。你们只不过是此刻迈进大社区的众多族群之一。每一个都拥有希望，然而每一个族群在面对这个大社区环境里的困难、挑战和影响力时都孱弱易感。确实，许多族群在自身还未获得自由之前，就已经失去了他们的自由，成为集团或商业协会的一分子或更强大权力的附属国。

我们不希望同样情况发生在人类身上，因为这将是巨大的损失。正因为如此，我们来到这里。正因为如此，造物主在当今世界上活跃着，为人类家庭带来一个新理解。人类终止内部无休止冲突并为大社区生命进行准备的时刻到了。

在你们微小的太阳系范围之外，你们生活在一个存在大量活动的区域里。在这个区域里，贸易经由特定的路线展开。世界间互动着，竞争着，有时彼此会发生冲突。所有怀有商业兴趣的族群都在寻求着机会。他们不仅寻求资源，还寻求像你们这样的世界的效忠。一些族群从属于更大型集团。其他一些则以非常小的规模维持着自己的联盟。能够成功迈进大社区的世界必须在很大程度上维护他们的主权和自给自足。这让他们避免暴露于那些只想剥削和操控他们的力量影响。

确实，为了你们未来的福祉，现在最重要的就是你们的自给自足、发展你们的理解并实现团结。这一未来并不遥远，因为探访者的影响力在你们世界上已经越来越大。许多人已经屈从于他们，成为他们的使者和媒介。还有许多人被简单地用作他们基因计划的资源。正如我们所说，这已经在很多地方发生过很多次。这对我们来说并不神秘，尽管你们一定觉得不可思议。

这一干预既是不幸，同时也代表着一个重大机遇。如果你们能够做出回应，如果你们能够进行准备，如果你们能够学习大社区内识和智慧，那么你们将能够抵消正在干预你们世界的势力，并在你们自己的民众和部落中间构建更伟大团结的基础。我们当然鼓励这个，因为这强化着存在于四面八方的内识纽带。

在大社区里，大规模的战争非常罕见。这里存在着限制性力量。其中之一是，战争影响商业和资源开发。因此，大国被禁止草率行动，因为这会影响或阻碍其他组织、其他国家和其他利益体的目标。内战在世界里会周期性发生，但社会间和世界间的大规模战争确实很少发生。正是部分因为这一原因，思维环境里的技能被建立起来，因为国家间的确互相竞争，并试图影响彼此。因为没有人想破坏资源和机会，所以在大社区的许多社会里，这些更强大技巧和能力被不同程度地成功培养起来。当这类影响存在时，对于内识的需要就更为巨大。

人类对此缺乏准备。然而因为你们丰富的灵性传统，以及当今世界存在的个体自由程度，你们有希望发展这一更伟大理解，从而保障并维护你们的自由。

大社区还存在着其他对抗战争的限制因素。大部分商业社会隶属于对其成员指定了法律和行为准则的大型协会。这有助于限制许多寻求使用武力攫取其他世界及其资源的行动。因为一旦大规模战争发生，很多族群就不得不参与进去，这种事情并不常见。我们理解人类非常好战，并假想大社区里的冲突以战争形式存在，但事实上你们会发现这不太被接受，而其他的说服方式被用来取代武力。

因此，你们的探访者没有带着大型武器来到你们世界。他们没有带来大规模的军队，因为他们使用其他形式的技能——操控他们所遇到的人的思想、冲动和感受的技能。由于当今世界充斥着相当程度的迷信、冲突和不信任，因此人类对此类说服非常孱弱易感。

所以，为了理解你们的探访者，理解你们未来将遇到的其他族群，你们必须建立更成熟的力量和影响力使用方式。这是你们大社区教育的重要组成部分。对此的部分准备将在大社区灵性教程里被提供，但你们必须同时通过直接体验进行学习。

我们理解，目前许多人对大社区抱有非常空幻的观点。他们认为那些科技先进的族群同时也是灵性进步的，然而我们能向你们保证这并非事实。你们自身尽管比过去科技更加进步，但在灵性发展上并没有很大进步。你们拥有了更多力量，但伴随力量而来的是对更巨大克制的需要。

大社区里存在着一些族群，他们在科技水平上，甚至在思维水平上，远比你们具有更大威势。在你们的进化路途上你们将要应对他们，但武力不是你们的重点。

因为星际战争是如此具有毁灭性，所有人都会损失。这样的冲突能有什么好处呢？它能带来什么利益呢？事实上，当这种冲突存在时，它只会发生在太空里，很少发生在陆地环境里。野蛮国家和那些破坏性的激进族群会遭到迅速反击，尤其当他们存在于从事商务的人口居住区时。

因此，你们有必要理解宇宙中冲突的本质，因为这将带给你们针对探访者及其需求的洞见——他们为何以这种方式行事，个体自由为何在他们中间不被认知，以及他们为何依赖他们的集团。这给他们带来稳定和力量，但同时也使他们在面对具备内识能力的人时孱弱易感。

内识使你能以多种方式思考，自发行动，超越表象感知实相，并体验未来和过去。这些能力超出那些只会服从他们文化的支配和指令的人的所及。你们在科技上远落后于探访者，但你们有希望发展内识之路的技能，你们将需要这些技能并且必须学习更多地依赖这些技能。

如果我们不教你们大社区生命的话，我们就不是人类的盟友。我们已经见过许多。我们遭遇过很多不同事情。我们的世界曾经被占领，我们必须重新争取我们的自由。从错误和经验中，我们知道你们当前所面临的冲突和挑战的本质。正因为如此，我们非常适于承担服务你们的这一使命。但是，你们不会见到我们，我们不会会晤你们的国家领袖。那不是我们的宗旨。

事实上，你们需要尽可能少的干涉，但你们确实需要巨大的协助。你们必须发展新技能，必须获得一种新理解。即便是一个善意社会，如果他们来到了你们的世界，仍会给你们造成很大的影响和作用，以至你会开始依赖他们，无法确立你们自己的实力、你们自己的力量和你们自己的自给自足。你们会如此依赖他们的科技和理解，以至他们无法离开你们。事实上，他们的到来会使你们在未来面对干预时越显弱小。因为你们会渴望他们的技术，你们会希望沿着大社区贸易路径旅行。然而你们会没有准备，你们会没有智慧。

正因为如此，你们未来的朋友没有到来。正因为如此，他们不会来帮助你们。否则你们将无法强大起来。你们会希望和他们建立联系，你们会希望和他们结盟，但你们是如此弱小以至无法保护自己。实质上，你们会成为他们文化的一部分，这不是他们的愿望。

可能很多人无法理解我们的话，但假以时日，你们将发现这完全在理，你们将看到它的智慧和它的必要性。此时此刻，你们太弱小、太散乱、太冲突，而无法建立强大同盟，即使是和未来能够成为你们朋友的族群。人类还无法以统一的声音发言，所以你们容易受到外来的干预和操控。

当大社区实相在你们的世界里被更多认知时，并且如果我们的讯息能触及足够多人，那么针对人类面临着一个更重大问题将存在更多的共识。这能够创建合作和共识的一个新基础。因为如果整个世界受到干预的威胁，那么你们世界里的一个国家又能比另一个国家拥有怎样的优势呢？在外星势力正在干预的一个环境里，谁还会寻求个人权力呢？如果自由在你们的世界里是真实的，那么它必须被共享。它必须被认识和认知。它不能成为少数人的特权，否则这里就没有真正的力量。

我们从隐形存在们得知，世界上已经有人正寻求对世界的统治，因为他们自认得到探访者的祝福和支持。他们得到探访者的承诺会帮助他们追求权力。然而，他们交出的不正是他们自己的自由以及他们世界的自由的钥匙吗？他们不知道也不智慧。他们看不到他们的错误。

我们同样理解，一些人认为探访者的到来代表了人类的灵性复兴和新希望，然而他们怎么可能知道呢，这些对大社区一无所知的人们？这只是他们的希望和渴望，这些愿望被探访者所利用，原因很明显。

我们所要说的是，这个世界真正的自由、真正的力量和真正的团结最为重要。我们的信息对所有的人开放，我们坚信我们的话能够被接收并得到认真思考。然而我们无法控制你们的回应。世界的迷信和恐惧可能使得许多人无法看到我们的讯息。但是希望依然存在。要想给你们更多，我们必须接管你们的世界，我们不想这样做。因此，我们在不干涉你们事务的前提下，尽可能提供所有我们能提供的。然而有许多人想要干预。他们想被他人营救或拯救。他们不信任人类的潜能。他们不相信人类内在固有的实力和能力。他们将自愿交出他们的自由。他们将相信探访者告诉他们的话。他们将服务于他们的新主人，以为由此获得的是他们自身的解放。

自由在大社区里非常珍贵。永远不要忘记这点。你们的自由，我们的自由。什么是自由，不就是在所有显化里遵循内识——这一造物主赋予你们的实相，表达内识和贡献内识的能力吗？

你们的探访者没有这个自由。对自由他们一无所知。他们看到的是你们世界的混乱，他们相信他们建立的新秩序将是对你们的救赎，将把你们从自我毁灭中拯救出来。这是他们所能给的全部，因为这是他们所拥有的全部。他们将利用你们，但他们不认为这样做是不正当的，因为他们自己也在被利用，并认为别无选择。他们经过了非常彻底的编制和改造，以至于接触他们更深刻灵性的可能性微乎其微。你们没有能力做到这点。要想对你们的探访者产生救赎的影响力，你们需要远比目前强大得多。不过，他们的服从性在大社区里并不少见。这在大型集团里很常见，要想高效运作，尤其是在广大的太空领域里，一致性和服从性是必须的。

因此，不要带着恐惧，而要带着客观性看向大社区。我们所描述的情况已然存在于你们的世界里。你们能够理解这些。操控被你们认知。影响力被你们认知。你们只是既没有在如此大规模里遭遇过它们，也从未必须与其他形式的智能生命竞争过。因此，你们还不具备相应的技能。

　　我们讲述内识，因为这是你们最伟大的能力。无论你们未来能够发展怎样的科技，内识永远是你们最大的希望。你们在科技发展上远落后于探访者，所以你们必须依靠内识。它是宇宙中最伟大的力量，你们的探访者没有使用它。这是你们唯一的希望。正因为如此，大社区灵性教程教授内识之路，提供*内识进阶*，并教授大社区智慧和洞见。没有这一准备，你们就无法获得技能或视野，以理解你们的困境并做出有效回应。它太广大。它太陌生。你们不适应这些新境况。

　　探访者的影响力与日俱增。每个能够听到这个、感受这个并认知这个的人都必须学习内识之路，大社区内识之路。这是一个召唤。这是一个礼物。这是一个挑战。

　　如果是在一个更愉悦的环境里，哦，这种需要并未显得如此巨大。可现在这种需要非常巨大，因为面对这里的外星存在，没有安全可讲，没有地方可藏，世上没有任何安全的退隐地。正因为如此，只有两种选择：要么屈从，要么起而维护你们的自由。

　　这是摆在每个人面前的重大决定。这是伟大的转折点。你们不能在大社区里愚昧行事。这个环境太严苛。它要求优秀和承诺。你们的世界太珍贵。这里的资源被他人梦寐以求。你们世界的战略位置被予以高度关注。就算你们生活在某个远离任何贸易路线、远离所有商务活动的偏远世界上，你们最终也会被他人发现。现在这种情况正摆在你们面前。它正在进行中。

　　因此，要鼓起勇气。这个时刻需要的是勇气，而不是左右矛盾。你面前境况的严重性，正确认了你的生命和你的回应的重要性，以及被发送到当今世界的那个准备的重要性。它不只是为了你们的教育和进步。它同时也是为了你们的保护和你们的生存。

问题和解答*

至此，基于我们已经提供的信息，我们认为有必要对你们必然会提出的有关我们实相以及我们提供消息的重要性的相关问题给予回应。

◆

"鉴于缺乏确凿的证据，人们为什么要相信你们所讲的干预呢？"

首先，关于对你们世界的探访必然有大量的证据存在。我们被告知这是事实。然而，隐形存在们同时告诉我们，人们不知道该如何理解这些证据，所以他们给出他们自己的解释——一种他们所偏好的解释，一种能够带来最大安慰和保证的解释。我们确信有足够的证据证明干预正在当今世界上发生，只要人们花时间去看去调查。你们的政府或宗教领袖对此事不进行披露，并不意味着这一重大事件没有在你们中间发生。

---

* 这些问题由'盟友资料'的很多早期读者发送给新内识图书馆。

◆

"人们如何能知道你们是真实存在的？"

关于我们的实相，我们无法向你们示现我们的物质存在，因此你们必须辨识我们话语的含义和重要性。这个时刻，不仅仅是相信与否的问题。它要求更伟大认知、内识、共鸣。我们相信我们所讲的是真实的，但这不能保证你们也这样相信。我们无法控制你们对我们讯息的回应。有些人坚持要求比可能给出的更多的证据。而对另外一些人来说，这种证据是不必要的，因为他们将感到一种内在的确认。

在这期间，或许我们会一直是个争议，但我们希望并确信我们的话能被认真思考，并且大量存在的证据能被那些愿意付出精力和专注的人们所搜集和理解。从我们的观点来看，再没有比这更重大的问题、挑战和机会值得你们去关注了。

因此，你们正在开始一种新的理解。这的确需要信念和自我依赖。很多人只是简单地否认我们的话，因为他们认为我们不可能存在。

其他一些人或许会认为我们是正施加在世界上的操控的组成部分。我们无法控制这些回应。我们只能揭示我们的讯息和我们在你们生命中的存在，尽管这一存在非常遥远。我们的存在与否并非至关重要，重要的是我们在此所揭示的讯息和我们能提供给你们的更广大视野和理解。你们的教育必须从某个地方起始。所有的教育都起始于对认知的渴望。

我们希望我们的论述至少能够激起你们部分的信心，由此能够开始揭示我们在此所提供的东西。

◆

"你们会对那些认为干预是件好事的人说什么？"

首先，我们理解，人们期望所有来自天上的力量都和你们的灵性理解、传统以及基本信仰有关。这种宇宙中存在着普通生命的说法，对这些基本假设来说是一种挑战。根据我们的观点，同时根据我们自身文化的体验，我们理解这些期望。在遥远的过去，我们也抱有同样的期望。然而，当面对大社区生命实相和探访意图时，我们必须放弃这些期望。

你们生活在一个广大的物质宇宙中。它充满生命。这里的生命展现着不可胜数的显化，并在各种层级上展现着智能和灵性觉知的进化。这就意味着你们将在大社区遇见各种各样的可能性。

然而，你们是隔离的，尚未在太空里旅行。就算你们有能力抵达另一个世界，可宇宙是广袤的，没有任何人有能力以任何速度从银河系的一端穿行到另一端。因此，物质宇宙始终是巨大和不可理解的。没有人掌握它的规律。没有人征服它的疆域。没有人能够宣称完全的统治或控制。从这个角度来看，生命是谦卑的。即使在你们疆域以外的远方，这也是事实。

因此，你们应该预料到，你们将要遇到的智能有正义力量，有无知力量，还有对你们更为中立的力量。然而，在大社区旅行和探索的实相里，类似你们这样的新兴族群，在他们和大社区生命的首次接触中，几乎无一例外地将遭遇资源探索者、集团和寻求自己利益的族群。

至于对探访的正面诠释，部分原因是由于人类的期望，和人们对良好结局和对人类未能自己解决的问题寻求来自大社区帮助的自然渴望。期待这些是正常的，尤其当你们想到探访者比你们的

能力更强大时。然而，造成这种理解的主要原因，与探访者的意
愿和计划有关。因为他们鼓励各地民众把他们的存在看作对人类
和人类需求是完全有益的。

◆

"如果这一干预现在如此深入，为什么你们不早点到来？"

在早些时候，那是许多年前，你们盟友中的几个组织来到你们
世界访问，目的是提供一个充满希望的讯息，并让人类做好准
备。但是，唉，他们的讯息未能得到理解，并被少数接收讯息的
人滥用了。随着他们的到来，来自集团的探访者开始涌来聚集在
这里。我们知道这会发生，因为你们的世界太宝贵，不可能被忽
视，正如我们所说，你们的世界并非存在于宇宙中某个遥远偏僻
的地方。你们的世界已经被那些寻求为几所用的族群观察了很长
时间。

◆

"为什么我们的盟友不能阻止这一干预？"

我们在此只是观察和建议。人类面临的重大决定掌握在你们的
手里。没有人能替你们做这些决定。即使是位于远方的你们的伟
大朋友也不会干预，因为如果他们介入了，这将引发战争，你们
的世界将变成敌对力量之间的战场。如果你们的朋友胜利了，你
们会变得完全依赖他们，无法在宇宙中维护自己和维持你们自身
安全。我们知道没有任何正义族群会试图承担这样的负担。事实
上，这对你们也没有益处。

因为你们会变成另一个力量的附属国，必须接受远程管理。这对你们没有任何好处，正因为如此，这不会发生。然而探访者们将把自己塑造成人类的救世主和营救者。他们将利用你们的幼稚。他们将利用你们的期望，他们将从你们的信任中寻求所有利益。

因此，我们真诚地希望我们的话能成为对治'他们的存在以及他们的操控和滥用'的解药。因为你们的权益正在被侵犯。你们的领土正在被渗透。你们的政府正在被说服。你们的宗教思想和冲动正在被重新导向。

针对这些，必须存在一个真理的声音。我们唯一能信任的是你们能够接收这一真理的声音。我们唯一寄予希望的是说服还没有过分深入。

◆

"什么是我们能确立的现实目标，什么是拯救人类免于丧失独立自主的底线？"

第一步是觉知。必须有很多人觉知地球正在被探访，外族力量正在以秘密方式在此运作，试图把他们的计划和行动隐藏在人类理解之外。必须非常明确，他们的存在是对人类自由和独立自主的巨大挑战。他们正在推进的计划和他们正在倡导的安抚计划，必须得到清醒和智慧地抵抗。这种抵御必须发生。当今世界很多人能够理解这些。因此，第一步是觉知。

第二步是教育。很多生活在不同文化和不同国家的民众必须了解大社区生命，并开始理解你们将要甚至此时此刻正在应对什么。

因此，现实目标就是觉知和教育。这本身就能阻止探访者在世界上的计划。他们目前在几乎没有任何阻力下运作着。他们很少遇到障碍。所有试图把他们当作"人类的盟友"的人，必须认识到这不是事实。或许我们的话将不足够，但这是个开始。

◆

"我们在哪能找到这一教育？"

这一教育可以在大社区内识之路里找到，它此刻正在被呈现在世界上。尽管它代表着对宇宙生命和灵性的一种新理解，但它和所有存在于你们世界上的真正灵性路径是相通的——这些灵性路径珍视人类自由和真正灵性的意义，珍视人类家庭内部的合作、和平和和谐。因此，内识之路的教育召唤着存在于你们世界上的所有伟大真理，并赋予它们一个更广大背景和表达场景。通过这种方式，大社区内识之路并非取代世界宗教，而是提供一个更广大背景，使得这些宗教能够对你们的时代产生真正的意义和相关性。

◆

"我们该如何向其他人传达你们的讯息呢？"

此刻，真理活在每个人的心里。如果你们能对一个人内在的真理讲话，它将变得更强大，并开始产生共鸣。我们的伟大希望，隐形存在们——服务你们世界的灵性力量——的伟大希望，以及那些珍视人类自由并希望看到你们成功迈进大社区的人们的希望，都寄托在活在每个人内心的这一真理上。我们无法把这种觉知强加在你们身上。我们只能向你们揭示它，并相信造物主赋予你们的伟大内识能够让你们和其他人做出回应。

◆

"在对抗干预的过程中人类的优势在哪里？"

首先，通过对你们世界的观察，并通过隐形存在们告诉我们的那些我们看不到的事情，我们理解，尽管世界存在着巨大问题，但这里有足够的人类自由，这为你们提供了对抗干预的基础。这和其他很多世界形成鲜明对比，在那里个体自由从未被建立起来。当这些世界面对他们中间的外星力量以及大社区生命实相时，他们建立自由和独立的可能性非常有限。

因此，你们的巨大优势在于，在你们世界里，人类自由被认知，并被很多人珍视，尽管不是所有人。你们知道你们的某些东西会失去。你们珍视你们已然拥有的东西，无论它以何种程度得以确立。你们不想受到外来力量的统治。你们甚至不想受到人类权威的严厉统治。因此，这是一个开始。

其次，因为你们的世界拥有丰富的灵性传统，它们促进了个体内在的内识，促进了人类的合作和理解，所以内识的实相已经得到建立。而在内识从未被确立起来的其他世界里，在迈进大社区的转折点上，要想将内识确立起来，成功的希望非常小。这里有足够多的人拥有足够强大的内识，他们有可能学习大社区生命实相，并理解此时此刻正在这里发生着什么。正因为如此，我们怀抱希望，因为我们信任人类的智慧。我们信任人们能够超越自私、自我执迷和自我保护，以一种更广大的方式看待生命，并感受到服务他们同胞的一个更伟大责任。

或许我们的信念没有根据，但我们信任隐形存在们对此赋予我们的智慧辅导。因此，我们冒着生命危险来到你们世界的临近，目睹你们疆域外正发生的事件，这对你们的未来和天命正产生着直接的影响。

人类拥有伟大前途。你们对世界存在的问题有了更多的觉知——国家间缺乏合作，自然环境的破坏，日益缩减的资源等等。假如这些问题不被你们的民众认知，假如这些真相对你们的民众保密，使得人们对这些问题的存在没有认知的话，那么我们的希望就没这么大。然而，事实是人类是有潜力和希望对抗任何对世界的干预的。

◆

"这一干预是否会发展成军事入侵？"

正如我们所说，你们的世界太珍贵了，不可能引发军事入侵。没有任何探访你们世界的族群希望破坏它的基础设施或自然资源。因此，探访者并不寻求毁掉人类，而是要使人类为他们的集团服务。

威胁你们的并非军事入侵。而是劝诱和说服的力量。这将建立在你们自己的弱点、你们自己的自私、你们对大社区生命的无知以及你们对未来和你们疆域外生命意义的盲目乐观的基础之上。

为了抵御这些，我们提供教育，我们讲述当前被发送到世界的那个准备的意义。假如你们对人类自由没有认知，假如你们尚未意识到你们世界呈现的问题的话，那么我们就不会把这一准备交付给你们。我们也不会对'我们的话能与你们所知的真相形成共鸣'有信心。

◆

"你们能够像探访者一样，不过是从好的方面，强有力地影响人们吗？"

我们的意图不是影响个体。我们的意图仅仅是呈现问题以及你们正在迈进的实相。隐形存在们提供了准备的具体方法，因为那来自于所有生命的创造者。在这方面，隐形存在们从好的方面对个体产生影响。但存在着限制因素。正如我们所说，必须得到强化的是你们的独立自主。必须得到增强的是你们的力量。必须得到支持的是你们人类家庭内部的合作。

我们所能提供的帮助是有限的。我们的团队很小。我们没有行走在你们中间。因此，针对你们新实相的伟大理解，必须在人与人之间分享。这无法由外来力量强加给你们，即便这是为了你们自己的利益。假如我们推行这样一个说服计划的话，那么我们就不是在支持你们的自由和独立自主。在此你们不能像孩子一样。你们必须成熟起来并负起责任。是你们的自由处于危机。是你们的世界处于危机。是你们彼此的合作成为必需。

你们现在有重大理由团结你们的族群，因为失去一方，对任何人都没有好处。如果任何一个国家陷入外星控制，那么对任何国家都没有好处。人类自由必须是完整的。合作必须在你们整个世界里发生。因为现在每个人都面临着同样情况。探访者并不偏好某个组织、某个种族、某个国家。他们只是寻求阻力最小的路径来建立他们在你们世界的存在和统治。

◆

"他们对人类的渗透有多广泛？"

探访者在你们世界的大多数发达国家里已有大量的存在，尤其是欧洲国家、俄罗斯、日本和美国。这些被认为是最强大的国家，拥有最大的权力和影响力。这些是探访者关注的地方。然而，他们在从全世界范围绑架人们，他们向所有抓来的人深入推行他们的安抚计划，只要这些人能对他们的影响做出回应。因此，探访者的存在是世界范围的，但他们聚焦在那些他们希望成为他们同盟的地方。这包括掌握着最大权力并影响着人类思想和信念的国家、政府和宗教领袖。

◆

"我们还有多少时间？"

你们有多少时间？你们还有一些时间，至于有多长时间我们无法回答。但我们带来一个紧迫讯息。这个问题不能被简单地回避或否认。从我们的观点来看，这是人类面临的最重大挑战。它是最重大关注，是头等紧要的问题。你们的准备已经落后。这由超出我们可控的很多因素造成。但如果你们能做出回应的话，还有时间。结局并不确定，然而你们仍有希望成功。

◆

"面对大量正在发生的其他全球性问题，我们如何能专注于这一干
*　预呢？"*

首先，我们觉得世界上没有其他任何问题比这更重要。从我们的观点来看，如果你们失去了自由的话，那其他任何你们能自行解决的事情在未来都没有什么意义。你们还能希望获取什么呢？如果你们在大社区里没有自由的话，你们还能期望实现或确保什么呢？你们所有的成就都会被交给你们的新政府；你们所有的财富都会归于他们。尽管你们的探访者并不残酷，但他们完全承诺于他们的计划。你们的价值仅在于你们对他们的目的有利用价值。正因为如此，我们认为人类面临的任何其他问题都不如这一问题重要。

◆

"谁有可能对这种情况做出回应？"

关于谁能做出回应，当今世界有很多人拥有关于大社区的内在内识并且对此事敏感。还有许多其他人已经被探访者绑架，但还没有屈服于他们或他们的说服。另外还有许多人关心世界的未来，并对人类面临的危险非常警觉。属于所有这三个类别，或者其中任一类别的人，可能会首先对大社区实相及针对大社区的准备做出回应。他们可能来自任何行业、任何国家、任何宗教背景或任何经济阶层。他们的确遍布全世界。保护和关注人类福祉的伟大灵性力量，正是依赖于他们和他们的回应。

◆

"你们提到世界各地的人们正在被绑架。人们如何保护自己和他人不被绑架呢？"

你的内识越强大，对探访者的存在越觉知，你就越不太可能成为他们研究和操控的优先人选。你越能利用你与他们的接触来获得对他们的洞见，你就越对他们构成威胁。正如我们所说，他们寻求阻力最小的路径。他们想要的是服从和屈服的人。他们想要的是很少给他们造成问题和担心的人。

而当你的内识变得强大时，你将超越他们的掌控，因为现在他们无法捕获你的思想或你的心灵。假以时日，你将拥有看进他们思想的感知力，这不是他们所希望的。于是你成为他们的威胁，他们的挑战，他们将尽可能回避你。

探访者不想暴露。他们不希望发生冲突。他们太过自信他们能实现他们的目标，而不会受到人类家庭的重大反抗。可是一旦这种反抗得到建立，一旦内识的力量在个体内在觉醒，那么探访者就会面临艰难倍增的阻碍。他们的干预就会受到阻挠并更难实现。他们对当权者的说服就更难成功。因此，关键是个体的回应和对真理的承诺。

要觉知探访者的存在。不要屈服于他们所谓到此是为了灵性目的或是为了人类的福祉或救赎的说辞。抵制说服。重获你自己的内在权威，它是造物主赋予你的伟大礼物。面对任何践踏和否认你们基本权利者，要成长为不可小觑的力量。

这是灵性力量的表达。造物主的意志是人类应该团结一致、不受外族干预和统治地迈进大社区。造物主的意志是你们应该为一个不同于过去的未来做出准备。我们在此服务于造物主，因此我们的存在和我们的话语服务于这一宗旨。

◆

"如果探访者在人类或某些个体那里遭到了抵制，他们会派来更多的人呢，还是会离开？"

他们的人数不多。如果他们遇到了强大的抵制，他们就不得不撤退并制定新的计划。他们完全自信，他们能够不受重大阻碍地实现他们的使命。然而，如果出现了严重的阻碍，那么他们的干预和说服就会受到挫折，他们就不得不寻找其他方式与人类进行接触。

我们相信人类家庭能够建立足够的抵制和足够的共识，去抵消他们的影响力。我们的希望和努力正是基于这个。

◆

"针对外星干预这个问题，我们必须提问自己和他人的最重要问题是什么？"

或许要问自己的最重要问题是："我们人类在宇宙里或我们自己的世界里是孤单的吗？我们此刻正在被探访吗？这一探访对我们有益吗？我们需要做出准备吗？"

这些是非常根本的问题，但必须得到质询。然而许多问题无法得到解答，因为你们对大社区生命的认知有限，你们尚不自信你们有能力抵消这些影响。人类的教育里缺失很多东西，它主要专注于过去。人类正在走出一个长期相对隔离状态。它的教育、它的价值观和它的机构都是在这种隔离状态里建立的。然而你们的隔离现在结束了，永远结束了。这是注定要发生的。这是不可避免的。因此，你们的教育和你们的价值观正在进入一个必须要适应的新背景。而且，由于当今世界发生的干预特性，这一适应必须快速发生。

将有许多问题你们无法解答。你们将必须带着这些问题生活。你们有关大社区的教育才刚刚开始。你们必须以高度的冷静和谨慎对待它。你们必须抵御自身试图制造舒适和安全境况的倾向。你们必须发展对生命的客观性，你们必须超越个人利益范围去看，从而让自己能够回应正在影响你们世界和你们未来的更强大势力和事件。

◆

"如果没有足够多的人做出回应怎么办？"

我们坚信足够多的人能够回应，并开始他们关于大社区生命的伟大教育，从而为人类家庭带来前途和希望。如果这没能实现，那么那些珍视自己自由并接受了这一教育的人们将不得不退隐。当世界陷入完全控制之时，他们将必须维持内识在世界上的存活。这是一种非常艰难的状况，然而这曾经发生在其他世界里。从这一处境回归自由的旅程相当艰难。我们希望这不是你们的命运，正因为如此，我们来此给你们提供这一信息。正如我们所说，世界上有足够多的人能够做出回应，以抵御探访者的意图，并挫败他们对人类事务和人类价值观的影响。

◆

"你们谈到其他世界也正迈进大社区。你们能谈谈成功和失败的情况吗？这可能会关系到我们的情况。"

确实有成功的案例，否则我们就不会来这里了。就我——我们小组的发言人——来说，我们的世界在我们意识到面临的状况之前已经受到大规模的渗透。我们的教育是由一个类似我们现在一样的小组所倡导的，他们提供了关于我们境况的洞见和信息。外星资源交易商在我们的世界里与我们的政府接触。当时的当权者被说服，认为贸易和商务是有益于我们的，因为我们正在开始面临资源耗竭。尽管与你们不同的是我们的族群是统一的，但是我们开始完全依赖于被提供给我们的新科技和机会。然而，当这发生时，权力中心发生了转移。我们成为了附属国。探访者成为供给者。随着时间的推移，条件和限制被强加于我们，尽管一开始这难以察觉。

我们的宗教关注和信仰也受到探访者的影响，他们表现出对我们灵性价值观的兴趣，但他们希望提供给我们一个新的理解，一个建立在集团之上、建立在彼此以类似方式思考的合作性思维之上的理解。这被当作灵性和成就的一种表达被提供给我们族群。一些人被说服了，然而因为我们得到了来自我们世界外盟友的良好辅导，就像我们现在一样的盟友，我们开始发起抵制行动，并随着时间推移得以迫使探访者离开我们的世界。

从那时起，我们学到了大量关于大社区的知识。我们维持的贸易非常有选择性，只和少数几个国家进行。我们能够避开那些集团，从而维护了我们的自由。然而我们的成功是艰难实现的，因为许多人在冲突中死去。我们是一个成功的故事，但并非没有代

价。我们小组的其他人，在与大社区干预力量的互动中也经历了
类似的困难。然而因为我们最终学会了跨出我们疆域的旅行，所
以我们获得了彼此的联盟。我们得以学习在大社区里灵性意味着
什么。同样服务于我们世界的隐形存在们，在这方面帮助我们，
从而实现了从隔离向大社区觉知的伟大过渡。

然而我们意识到有很多失败。在那些原住民尚未确立个体自
由，或尚未品尝合作果实的文化里，即使他们拥有先进的科技，
却不具备在宇宙中建立自身独立的基础。他们抵制集团的能力非
常有限。通过更巨大权力、更强大科技和更多财富的劝诱，通过
大社区贸易可能利益的劝诱，他们的权力中心离开了他们的世
界。最终，他们开始完全依赖于那些供给他们并控制他们的资源
和他们的基础设施的族群。

你们当然可以想象到这是如何实现的。根据你们的历史，即使
在你们自己的世界里，你们也看到弱小的国家陷入强大国家的统
治。今天你们依然能看到。因此，这些想法对你们并非完全陌
生。大社区如同你们的世界一样，只要可能的话，强者将统治弱
者。这是遍布四面八方的生命实相。正因为如此，我们鼓励你们
的觉知和你们的准备，这样你们就能变得强大，你们的独立自主
就能增强。

对许多人来说，理解和了解宇宙中自由的罕见可能是个重大失
望。当国家变得更强大、更科技化时，它们要求自己的民众实现
越来越大的一致性和服从性。当它们迈向大社区并开始涉入大社
区事务时，它们对个体表达的容忍度就会缩减，以至拥有财富和
权力的大型国家以一种你们认为恐怖的严格而精准的方式实施管
理。

　　在此你们必须了解，科技进步和灵性进步是不同的，人类尚未学会这一课，但是如果你们要在这些事务里发挥你们天然的智慧的话，你们就必须学习这一课。

　　你们的世界被高度珍视。它拥有丰富的生物多样性。你们坐拥一个宝藏，如果你们希望成为它的管理者和受益者的话，你们必须保护它。想想你们世界那些因为生活在被他人垂涎的土地上，而失去自由的民众吧。现在整个人类家庭正陷入这种危机。

◆

"由于探访者如此有能力投射想法和影响人们的思维环境，我们如何确保我们所看到的是真实的？"

　　智慧感知的唯一基础是内识的培养。如果你只相信你看到的，那么你将只相信被展现给你的东西。我们被告知，许多人抱持这种观点。然而，我们认识到任何地方的智者必须具备更广大的远见和更强大的辨识。的确，你们的探访者能够投射你们圣人和宗教人物的形象。尽管这并不经常发生，但它当然会被用于那些已经认同这些信念的人身上，以激发他们的承诺和奉献。在此，你们的灵性成了你们的弱点，这里必须使用智慧。

　　不过造物主赋予了你内识作为真正辨识的基础。如果你问自己这是否是真的，你就能够认知你所看到的。然而，要做到这一点，你必须拥有这一基础，正因为如此，内识之路的教程对于学习大社区灵性是如此根本。没有它，人们将相信他们想要相信的，他们将依赖他们看到的和被展现给他们的。他们实现自由的潜能将已失去，因为它从一开始就没被允许发展起来。

◆

"你们谈到了维持内识的存活。需要多少人才能维持内识在世界的
存活？"

我们无法给你们一个数字，但它必须足够强大从而能在你们自己的文化里形成一种声音。如果这一讯息只被少数人接收，他们将不具备这一声音或这一力量。在此他们必须分享他们的智慧。它不能单纯被用于他们自己的启迪。更多的人必须了解这一讯息，需要远比今天多得多的人能接收到它。

◆

"呈现这一讯息是否会有危险？"

呈现真相总是有危险的，不仅是你们的世界里，其他地方也同样。人们从现有的境况里获得利益。探访者们将提供利益给那些能够接收他们并且不具备强大内识的当权者。人们开始习惯于这些利益，并将他们的生活建立其上。这使得他们抗拒甚至敌视真相的呈现，这一真相召唤他们服务他人的责任感，并可能对他们财富和成就的基础构成威胁。

正因为如此，我们隐匿起来，不在你们世界出现。如果探访者发现我们的话，他们当然会毁灭我们。但人类同样可能寻求毁灭我们，因为我们所呈现的东西，因为我们所示现的挑战和新实相。尽管这些非常必要，但不是每个人都准备好接收真理。

◆

"具有强大内识的个体能够影响探访者吗？"

成功的机会非常有限。你们所应对的团体，是依照服从性被培养起来的，他们的整个生命和体验都由一种集团性思维涵盖和产生。他们不会自己思考。因此，我们不觉得你们能影响他们。人类家庭中确实有个别人有能力做到，但即使在此，成功的可能性也非常有限。因此答案必然是"不能"。从所有实际性目标来说，你们无法赢得他们。

◆

"集团与统一的人类有何不同？"

集团是由不同的族群和被培养来服务于这些族群的人组成。在这个世界上出现的很多个体，都是被集团培养来做奴仆的。他们的基因遗传已经缺失很久。他们被培养来进行服务，正如你们饲养动物为你们服务一样。我们所倡导的人类合作是为了保护个体的独立自主，为人类提供一个强大的地位，使人类不仅能与这些集团互动，而且能与未来将到访你们的其他族群互动。

　一个集团是基于同一个信念，同一套准则和同一个权威。它强调对一种思想或信条的完全效忠。这不仅产生于探访者所受的教育，同时也已注入他们的基因编码。正因为如此，他们会以此种方式行事。这既是他们的优势，也是他们的弱点。他们在思维环境里拥有强大实力，因为他们的思想是统一的。但他们的弱点在于他们无法自己思考。他们无法非常成功地处理复杂问题或逆境。拥有内识的男女对他们来说不可理解。

人类为了维护它的自由必须团结起来，但这和集团的建立是完全不同的。我们称它们为"集团"，是因为它们包括不同的族群和国家。集团不是一个族群。尽管大社区里有很多族群处于集权统治之下，但集团则是超越一个族群对自身世界效忠的一种组织。

集团能够拥有巨大的权力。然而因为存在许多集团，它们倾向于相互竞争，这阻止了任何一个集团成为主导。同时，大社区不同国家间存在着彼此之间长期难以解决的纠纷。或许它们长期对同一资源进行竞争。或许它们相互竞争以售卖他们拥有的资源。然而集团是一个不同的情况。正如我们所说，它并非基于一个族群和一个世界。它们是征服和统治的结果。正因为如此，你们的探访者由处于不同权威和指令层级的不同族群构成。

◆

"在成功实现统一的其他世界里，他们保留了个体思想的自由吗？"

程度不同。有些达到很高程度，有些较低，这是基于他们的历史、他们的心理构成和他们自身生存的需要。你们在这个世界里的生活与其他族群相比是相对容易的。大部分智能生命存在的地方是被殖民的，因为很少有星球像你们这里一样提供如此丰富的生物资源。他们的自由，很大程度上有赖于他们环境的富庶度。但他们成功挫败了外星渗透，并根据自己的独立自主，建立了他们自己的贸易、商务和交流通道。这是很难得的成就，必须被挣得和被维护。

◆

"要怎样才能实现人类的团结？"

　　人类在大社区里非常孱弱。这种孱弱未来能够促使人类家庭实现一种基本的合作，因为为了生存和进步你们必须联合和团结起来。这是大社区觉知的一个组成部分。如果这是建立在人类贡献、自由和自我表达的原则上，那么你们的自给自足能力将变得非常强大和富足。但必须在世界上实现更伟大合作。人们不能只为自己活着，或把个人的目标置于其他所有人的需求之上和之外。一些人可能把这看做是自由的丧失。我们把它看做是对未来自由的保障。因为按照当今世界流行的生活态度，你们是很难确保或维护你们未来自由的。要当心。那些被自私自利所驱使的人是外族影响和操控的最佳人选。如果他们居于权力地位，他们将交出他们国家的财富、他们国家的自由和他们国家的资源来换取他们个人的利益。

　　因此，需要更伟大合作。你们肯定能看到这一点。显然这甚至在你们自己的世界里也是显在的。但这与集团里的生命是完全不同的，那里的族群被统治和控制，服从者被纳入集团，不服从者被异化或毁灭。显然这一构建尽管具有强大的影响力，但对它的成员来说不可能有益。然而这是大社区里许多族群所走的路径。我们不希望看到人类落入这种组织里。那将是一个巨大悲剧和损失。

◆

"人类的视野与你们有何不同？"

　　其中一个区别是我们已经发展了大社区视野，这是一种较少以自我为中心的看待世界的方式。这种视角带来巨大的明晰，并能在你们处理日常事务的小问题时提供强大的确定性。如果你能解决大问题，你就能解决小问题。你们现在有个巨大的问题。世上的每个人都面对着这个巨大问题。它能够团结你们，使你们克服长期存在的差异和冲突。它就是这样巨大和有威力。正因为如此，我们说，正是在这一威胁你们的福祉和未来的境况里，存在着救赎的可能。

　　我们知道个体内在内识的力量能够重建那个个体和他所有的关系，从而实现更高程度的成就、认知和能力。你必须为你自己去发现它。

　　我们的生命非常不同。区别之一是我们的生命奉献给服务，我们选择的一种服务。我们有选择的自由，因此我们的选择是真实和有意义的，并基于我们自己的理解。我们的小组里有来自几个不同世界的代表。我们走到一起为人类服务。我们代表一个本质上更灵性的更伟大联盟。

◆

"这一讯息来自于一个个人。如果它是如此重要，为什么你们不联
　系所有人呢？"

　　这不过是个有效性问题。我们无法控制谁被选中来接收我们。这是隐形存在们的职责，你们可以恰当地称他们为"天使"。我们以这种方式看待他们。他们选择了这个人，一个在世界上没有地位、不被世界认知的人，他被选中是因为他的品质并因为他在大社区里的传承。我们很欣慰能够通过一个人来讲话。如果我们通过更多的人讲话，他们可能会彼此意见不一，这一讯息会变得困惑而遗失。

从我们自己的学生生涯里，我们理解，灵性智慧的传输通常是经过一个人，并得到其他人的支持。这个个体必须承担被选中所带来的压力、负担和危险。我们对他表示敬意，我们理解这是怎样的一个负担。这可能遭到误解，因此智者必须保持隐匿。我们必须保持隐匿，他必须保持隐匿。通过这样，讯息能够被提供，信使能够得到保护。因为将会存在对这一讯息的敌视。探访者将对抗它，而且他们已经在对抗它。他们的对抗会非常强大，但主要是针对信使本人。因此，信使必须得到保护。

我们知道针对这些问题的回答将带来更多的问题。而且许多问题无法被解答，甚至在很长时间内都如此。任何地方的智者必须带着他们尚且无法回答的问题生活。正是通过他们的耐心和他们的坚持不懈，真正的答案会呈现，并且他们能够体验它们和体现它们。

人类正处在一个新开端。它面临一个严重境况。对于一个新教育和理解的需求是巨大的。我们受到隐形存在们的要求来此服务于这一需求。他们依赖我们来分享我们的智慧，因为我们和你们一样生活在物质宇宙里。我们不是天使。我们不完美。我们尚未实现高度的灵性觉知和成就。因此我们相信，我们给你们带来的关于大社区的讯息更具相关性，也更容易被接收。隐形存在们对于宇宙生命以及许多地方所达到和实践的进步和成就水平远比我们了解得多。然而他们要求我们来讲述物质生命的实相，因为我们完全参与于此。并且我们通过自己的实验和错误，了解了我们在此与你们分享的讯息的重要性和意义。

因此，我们作为人类的盟友而来，因为我们的确就是。你们应该感恩，你们还有能够帮助你们、教育你们并支持你们的强大、你们的自由和你们的成就的盟友。因为如果没有这一协助，你们在当今所经历的外星渗透中幸存下来的希望是非常有限的。的确，有少数个体会开始意识到真实存在的情况，但他们的人数将不够多，他们的声音将不被听到。

在此，我们只能要求你们的信任。我们希望通过我们话语的智慧，通过你们所拥有的了解它们的意义和相关性的机会，我们能够久而久之获得这一信任，因为你们在大社区里拥有盟友。你们在这个世界之外拥有伟大的朋友，他们也曾遭受过你们正面临的挑战，并且取得了成功。由于我们过去得到过援助，我们现在必须帮助其他人。那是我们神圣的契约。对此我们坚定承诺。

解决方案

◆

就其核心来说，
针对干预的解决方案，不在于
科技、政治或军事力量。

它在于人类精神的复兴。

它在于民众开始觉知干预并公开反对它。

它在于终止阻碍人们表达他们所见所知的隔离和嘲讽。

它在于战胜恐惧、逃避、空想和欺骗。

它在于民众实现强大、觉知和赋权。

人类的盟友提供了重要辅导，使我们认识干预并抵御它的影响。为了做到这点，盟友敦促我们发挥我们天赋的智能和权利，来成就我们在大社区里成为一个自由族群的天命。

现在是开始的时候了。

世界上有一个新希望

世界上的希望被那些内识变得强大的人们重新点燃。希望能够消褪，也能再次点燃。它可能看似来了又去，这取决于人们如何左右摇摆以及他们为自己选择什么。希望取决于你。单单因为隐形存在们在这里，并不意味着存在希望，因为没有你，就没有希望。因为你和其他像你一样的人们，在把一个新希望带进世界，因为你们在学习接收内识的礼物。这给世界带来一个新希望。或许你此刻无法充分看清这点。或许它看似超出你的理解。可是从一个更伟大视野来看，这非常真实且非常重要。

世界向大社区的迈进说明了这点，因为如果没人为大社区进行准备的话，哦，那么希望就会消褪。人类的天命将看来完全可以预料。然而因为世界拥有希望，因为希望存在于你和其他像你一样对一个更伟大召唤做出回应的人们身上，所以人类的天命有着更伟大前途，人类的自由还很有可能得到维护。

◆

摘自 内识进阶——持续培训

抵制
和
赋权

◆

抵制和赋权

接触的伦理

◆

盟友鼓励我们事事采取主动，辨识并反对正发生在我们当今世界上的外星干预。这包括辨识我们作为这个世界原住民的权利和优先权，就当前和未来与其他族群的接触确立我们自己的参与规则。

观察自然界和回顾人类的历史，这为我们大量示范了干预的教训：资源竞争是自然界不可分割的组成部分，一种文明对另一种文明的干预永远是为了自身利益而开展，并对被发现民众的文化和自由产生毁灭性的影响，并且只要可能的话，强者总是支配弱者。

尽管可能设想那些访问我们世界的外星族群或许是这一规则的例外，但这种例外必须在怀疑的阴影之外，必须通过让人类有权评估任何访问的提议来得到证明。这显然没有发生。相反，在人类迄今的接触体验里，我们作为这个世界原住民的权威和所有权被绕避了。"探访者"在推进他们自己的计划，而不考虑人类是否同意或知情参与。

正如盟友简报和大量UFO/ET研究清晰表明，合乎伦理的接触没有发生。尽管一个外族自远方与我们分享他们的经验和智慧是恰当的，正如盟友所做的那样，但族群未经邀请即到此并试图干涉人类事务则是不恰当的，即使是在帮助我们的幌子之下。鉴于目前人类作为一个年轻族群的发展水平，这样做是不道德的。

人类还没有机会建立自己的参与规则或确立边界，每一个本土族群为了自身的安全和保障都必须确立这些。这样做将促进人类的团结和合作，因为为了实现这个，我们必须走到一起。这一行动将要求我们觉知：我们是共享同一个世界的同一个民众，我们在宇宙里并不孤单，我们和太空的疆界必须得到确立和维护。不幸地是，这一必要的发展过程现在正在被规避。

盟友简报的发送，正是为了鼓励人类为大社区生命实相进行准备。实际上，盟友致人类的讯息正示范了什么是真正合乎伦理的接触。他们保持一种不插手的途径，尊重我们的天赋能力和权威，同时鼓励人类家庭为穿越我们在大社区的未来所需要的自由和团结。尽管当今许多人怀疑人类拥有力量和正直来满足其自身的需求和未来的挑战，但盟友向我们确认，这种力量，内识的灵性力量，存在于我们所有人的内心，并且为了我们自己的利益，我们必须使用它。

人类迈进大社区所需的准备已经被提供。世界各地的读者都可以得到两期人类的盟友简报和大社区内识之路书籍。它们可以在 www.alliesofhumanity.org/zh 和 www.newmessage.org/zh 网站阅读。它们合在一起，提供了抵制干预以及面对我们身处一个太空关口上的变化世界里的未来的方法。这是当今世界上唯一的此类准备。盟友如此紧急呼吁的，正是这一准备。

作为对盟友简报的回应，一群有奉献精神的读者起草了一份题为人类主权宣言的文件。以美国独立宣言为蓝本，人类主权宣言寻求建立我们作为世界原住民现在所迫切需要的接触伦理和参与规则，以维护人类自由和主权。作为这个世界的本土居民，我们有权利、有责任决定访问发生的时间和方式，以及谁可以进入我们的世界。我们必须向宇宙中觉知我们存在的所有国家和团体昭示：我们

是独立自主的，我们要在大社区里行使我们作为一个新兴自由族群
的权利和责任。人类主权宣言是一个起点，它可以在
http://humansovereignty.org/chinese-declaration/网站上在线阅读。

抵制和
赋权

采取行动——你能做什么

◆

盟友呼吁我们站在我们世界福祉的立场上，让自己真正成为人类的盟友。但要真正做到这一点，这种承诺必须源自我们的良知，我们自身最深刻的部分。你可以做许多事情来抵消干预，并通过强化自己和周边的人而成为一种正面的力量。

一些读者读过盟友材料之后表达了无望的感觉。如果这是你的体验的话，重要的是要记住，干预的目的就是要影响你，使你在其面前要么欣然接受并充满希望，要么感到无望和无能为力。别让自己受到这样的说服。你通过采取行动来发现自己的力量。你究竟可以做些什么呢？你有很多事情可以去做。

◆

教育自己。

准备必须从觉知和教育开始。你必须理解你正在应对什么。让自己去学习UFO/ET现象。让自己去学习正在普及的行星科学和宇宙生物学的最新发现。

建议阅读
....
• 参看附录中的"更多资源"。

◆

抵制安抚计划的影响。

抵制安抚计划。抵制使我们消沉和无力对自己内识做出回应的影响。通过觉知、通过宣传、通过理解来抵制干预。提倡人类合作、团结和正直。

建议阅读

- *大社区灵性*，第六章："大社区是什么？"和第十一章："你的准备是为了什么？"
- *生活在内识之路上*，第一章："生活在一个新兴世界上"

◆

开始觉知思维环境。

思维环境是我们所有人生活其中的思想和影响力环境。它对我们的思考、情绪和行动的作用甚至超过物质环境的作用。思维环境现在正受到干预的直接侵袭和影响。它还受到政府和我们周遭的商业利益的影响。对思维环境变得觉知非常重要，以维护你自己的自由去自由并清晰地思考。你可以采取的第一步是有意识地选择谁和什么，在通过你从外界接收的输入，影响着你的思考和决策。这包括媒体，书籍和有说服力的朋友、家人和权威人物。制定你自己的准则，学习带着辨识和客观，清晰地判定他人乃至文化大环境在告诉你什么。我们每个人都必须学习有意识地辨识这些影响，以保护和提升我们生活其中的思维环境。

建议阅读

- *来自大社区的智慧 第二部*，第十二章："自我表达和思维环境"和第十五章："回应大社区"

◆

学习大社区内识之路。

学习大社区内识之路，带你直接接触所有生命的创造者置于你内在的更深刻灵性思想。正是在超越我们智力的这一更深刻思想层面上，在内识的层面上，你不会受到任何世俗或大社区力量的干涉和操控。内识还为你抱持着你在这个时代来到世界的更伟大灵性宗旨。它是你灵性的核心。你可以通过在www.newmessage.org/zh网站在线学习内识进阶来开始你的大社区内识之路的旅程。

建议阅读

- *大社区灵性*，第四章："内识是什么？"
- *生活在内识之路上*：所有章节
- *学习内识进阶：内在认知之书*

◆

建立一个盟友阅读小组。

为了建立一个盟友材料能够得到深入思考的积极环境，和他人一起组成一个盟友阅读小组。我们发现，当人们在一个充满支持的小组环境里，和其他人一起放声阅读盟友简报和大社区内识之路书籍，并能在过程中自由地分享问题和洞见时，他们对材料的理解会大大增加。你能通过这种方法，开始找到其他分享你的觉知并渴望认知干预真相的人。你可以仅仅和另外一个人开始。

建议阅读

- *来自大社区的智慧 第二部*，第十章："大社区探访"，第十五章："回应大社区"，第十七章："探访者对人类的感知"和第二十八章："大社区实相"
- *人类的盟友 第二部*：所有章节

◆

维护和保护环境。

随着每一天的流逝，我们越来越多地认识到维护、保护和重建我们自然环境的需要。即使干预不存在，这依然是优先考虑。然而，盟友的讯息为我们建立世界自然资源的可持续使用提供了新的动力和新的理解。开始觉知你如何生活，你消耗什么，并寻找你能做什么来支持环境。正如盟友所强调的，我们作为一个族群的自给自足，对于捍卫我们在智能生命大社区里的自由和进步是必不可少的。

建议阅读

- *来自大社区的智慧 第一部*，第十四章："世界进化"
- *来自大社区的智慧 第二部*，第二十五章："环境"

◆

传播人类的盟友简报的讯息。

你与他人分享盟友讯息是至关重要的，原因如下：

— 你帮助打破围绕外星干预实相和阴霾的木然沉默。

— 你帮助打破阻碍人们就这一重大挑战进行相互联系的隔离状态。

— 你唤醒那些已陷入安抚计划影响的人，给他们一个运用自己的思想去重新评估此现象的含义的机会。

— 你坚定自己和他人的决心，在应对我们时代的重大挑战时，不做恐惧或逃避的俘虏。

— 你确认他人关于干预的洞见和内识。

—你帮助确立抵制，它能挫败干预并倡导赋权，从而能给人类带来团结和力量，去建立我们自己的参与规则。

以下是你今天就可以采取的一些具体步骤：

—与他人分享本书及其讯息。第一组简报全部内容现在可以在盟友网站：www.alliesofhumanity.org/zh 上免费阅读和下载。

—阅读人类主权宣言并与他人分享这一宝贵文件。此文件可在网站 http://humansovereignty.org/chinese-declaration/上在线阅读和打印。

—鼓励本地书店和图书馆引进这两部人类的盟友和马歇尔·维安·萨摩斯的其他著作。这会增加其他读者接触这些材料的机会。

—在条件适合的情况下，在现有网上论坛和讨论组里分享盟友材料和观点。

—参加相关的会议和聚会，分享盟友的观点。

—翻译人类的盟友简报。如果你会多种语言，请考虑帮助翻译简报，从而让全世界更多的读者可以读到它。

—联系新内识图书馆，以免费获取盟友宣传品，此材料有助于你与他人分享这一讯息。

建议阅读

- *生活在内识之路上*，第九章："和他人分享内识之路"
- *来自大社区的智慧 第二部*，第十九章："勇气"

◆

这当然不是一份完整的清单。它仅是一个开始。检视自己的生活，看看存在什么样的机会，并对你自己关于这一事件的内识和洞见保持开放。除了上述行动外，人们已经找到了表达盟友讯息的创造性方式——通过艺术、通过音乐、通过诗词。去找到你自己的方式。

来自马歇尔·维安·萨摩斯
的讯息

25年来，我一直沉浸在一种宗教体验里。这导致了我接收大量著作，关于人类灵性本质和人类在一个宇宙智能生命更广大场景里的天命。这些著作被包含在大社区内识之路的教程里，涵盖了一个阐释大社区——我们认知为我们的宇宙的广阔空间和时间——里的生命和上帝的临在的神学体系。

我所接收的宇宙论包含着很多讯息，其中之一便是人类正在迈进一个智能生命大社区，为此我们必须进行准备。这一讯息内含的理解是，人类在宇宙里并不孤单，甚至在我们自己的世界里也不孤单，在这个大社区里，人类将拥有朋友、竞争者和对手。

这一更广大实相，通过1997年第一组人类的盟友简报突然且出乎意料的传递，出奇地得到了确认。三年前的1994年，在我的著作*大社区灵性：一个新启示*中，我接收了可供理解盟友简报的神学体系。那时，作为我灵性工作和著述的结果，我开始认知，人类在宇宙中拥有盟友，他们关心我们族群的福祉和未来的自由。

在不断揭示给我的宇宙论中有着一个理解，即在宇宙智能生命的历史里，先进伦理的族群有义务将其智慧传授给如我们这样的年轻新兴族群，而且这种传授必须在不直接干涉或干预年轻族群事务的情况下发生。此中的意图是告喻，而非干涉。这种"智慧的薪火相传"代表了一个长期存在的伦理体系，针对与新兴族群的接触以及这应该如何开展。两组人类的盟友简报便是这种不干涉和合乎伦理道德的接触模式的明确示例。这种模式应成为指路明灯和标准，我们应该期望其他族群在试图与我们接触或访问我们世界时遵守这一标准。然而，这一合乎伦理道德的接触范例与当今世界发生的干预形成了鲜明的对照。

我们正在走向一个极度屡弱易感的位置。随着资源枯竭、环境退化的阴霾以及人类家庭进一步走向分裂的风险与日俱增，对我们进行干预的时机成熟了。我们看似隔离地生活在一个富饶和宝贵的世界上，它被我们疆域以外的其他族群所垂涎。我们是纷扰和分裂的，看不到正在干预我们疆界的巨大危险。有关隔离原住民第一次面对干预的命运，是历史上一再重演的现象。我们对宇宙智能生命的力量和仁慈抱有不切实际的假设。直到现在，我们才刚刚开始估量我们在自己的世界里为自己制造的局面。

这个不为人们欢迎的真相就是，人类家庭没有为直接接触体验做好准备，当然也没有为干预做好准备。我们首先必须把自己的家园处理妥当。我们还不具备族群成熟度来以团结、力量和辨识的姿态与大社区其他族群参与。除非我们达到这样的位置，如果我们真的能够的话，否则任何族群都不应企图直接干预我们的世界。盟友为我们提供了大量所需的智慧和洞见，然而他们不干预。他们告诉我们，我们的命运是，也应该是，掌握在我们自己的手中。这就是宇宙中自由的负担。

然而，干预无视我们的缺乏准备而正在发生着。人类现在必须为此，为人类历史上后果最具严重性的关口进行准备。我们并非只是这一现象的不经意的见证人，而是正处在它的最核心。不论我们觉知与否，它都在发生。它有力量改变人类的结局。它攸关我们是谁和我们为何此刻身处世界。

　　大社区内识之路被赋予我们，以提供我们面临这一重大关口所需要的教导和准备，以复兴人类精神，并为人类家庭设定一个新进程。它讲述人类团结和合作的紧迫需要；讲述内识，即我们的灵性智能的重要性；讲述我们现在站在太空关口所必须承担的更伟大责任。它代表来自所有生命的创造者的一个新讯息。

　　我的使命是将这一更伟大宇宙论和准备带进世界，并为挣扎中的人类带来一个新的希望和前途。我的长期准备和大社区内识之路的宏大教程，在此就是为了这一宗旨。人类的盟友简报只是这一更巨大讯息的一小部分。现在是结束我们无休止的冲突并为大社区生命进行准备的时候了。为此，我们需要对自身作为同一民族——源自合一灵性的这个世界的原住民——并对我们作为宇宙中一个年轻新兴族群所处的孱弱地位拥有一个新的理解。这是我带给人类的讯息，这是我来此的原因。

马歇尔·维安·萨摩斯
2008

附录

术 语 定 义

◆

人类的盟友: 一个由来自大社区的物质存有个体组成的小组,他们隐藏在我们太阳系接近我们世界的地方。他们的使命是观察、报告和辅导我们有关外星探访者的活动和对当今世界的干预。他们代表着很多世界里的智者。

探访者: 其他几个来自大社区的外星族群,未经我们许可"探访"我们世界并积极干预人类事务。这些探访者实施一个长期规划,来将他们自身整合到人类生命的网络和灵魂里,其目的是控制这个世界的资源和民众。

干预: 外星探访者在这个世界的存在、目的和活动。

安抚计划: 探访者的说服和影响计划,目的是消除人们对干预的觉知和辨识,从而导致人类的消极和服从。

大社区: 太空。人类正在迈进的广大物质和精神宇宙,它包括不计其数的智能生命显化。

隐形存在们: 造物主的天使,他们关照着整个大社区有情存有的灵性发展。盟友把他们称为"隐形存在们"。

人类天命: 人类天命注定要迈进大社区。这是我们的进化。

集团: 由几个外星族群组成的复杂阶层构架,他们因为一个共同的效忠而维系在一起。当今世界上,那些外星探访者隶属于不同的集团。这些集团有着彼此相互竞争的计划。

思维环境: 思想和思维影响力的环境。

内识: 活在每个人内在的灵性智能。我们所知的一切的本源。内在
固有的理解。永恒的智慧。我们那个不可能被影响、被操控或
被腐败的永恒部分。存在于所有智能生命里的一个潜能。内识
是你内在的上帝，上帝是宇宙中的所有内识。

洞见之路: 内识之路里的各种教程，它们在大社区很多世界里被传授
着。

大社区内识之路: 来自造物主的一个灵性教程，它在大社区很多地方
被修习着。它教授如何体验和表达内识，如何在宇宙中维护个
体自由。这一教程被发送到这里，目的是让人类为大社区生命
实相进行准备。

人类的盟友
评 论

人类的盟友给我的印象深刻…因为这个讯息敲响了真相。雷达接触、地面效应、录像带和胶片等，都证明了UFO的真实存在。现在我们必须思考的真正问题是：它们的操纵者的计划。人类的盟友强有力地直指这一问题，这对人类的未来来说可能至关重要。"

——吉姆.马尔斯
*外星人计划和秘密管制*的作者

通过数十年对灵媒和飞碟学/外星生物学的研究，我对萨摩斯作为一个灵媒以及对本书中来自他所报道的源泉的讯息抱有非常正面的回应。我深深感触于他作为一个人、一个精神和一个真正灵媒所表现的正直。在他们的讯息和行为里，萨摩斯和他的源泉都明确示范了一种真正的服务他人的导向，而当今很多人，甚至是外星人都在示范着服务自我的导向。尽管语风严肃和警示，但是本书的讯息鼓舞我的精神对我们加入大社区时等待着我们族群的美好未来充满希望。同时，我们必须发现和联接我们与造物主的天赋关系，以确保我们在此过程中免遭来自大社区一些成员的不正当操控或掠夺。"

——乔恩.克里莫
*灵媒：针对从超常来源接收信息的调查*的作者

三十年对UFO/外星人绑架现象的研究，就像拼起一个巨型拼图一样。你的书，最终给我提供了一个拼合剩余拼块的框架。"

> —埃里克.施瓦兹
> 加州注册临床社会工作者

宇宙中有免费午餐吗？人类的盟友最强有力地提醒我们：没有。"

> —伊莱恩.道格拉斯
> MUFON犹他州协同总监

盟友将在全世界西班牙语民众中产生一个巨大的共鸣。我敢保证这点！有那么多人，不仅是在我的国家里，都在为维护他们文化的权利而奋斗！你的书只是再次确认了他们这么长时间以来以这么多方式，一直在努力告诉我们的东西。"

> —英格丽.卡布雷拉，墨西哥

这本书在我内心引起深刻共鸣。对我来说，《人类的盟友》完全是开创性的。我尊重那些将本书带进世界的力量，包括人的力量和其他力量，我祈祷它的紧迫警示能够得到关注。"

> —雷蒙.庄，新加坡

盟友的很多资料和我所了解的东西形成共鸣，或是让我直觉地感到它是真实的。"

—蒂莫西.古德，英国ＵＦＯ研究者
*超高机密*和*神秘披露*的作者

进一步学习

◆

人类的盟友着重针对当今世界外星存在的实相、本质和目的的根本性问题。然而，本书提出了更多必须通过进一步学习去探索的问题。由此，它担当着更伟大觉知的一个催化剂和对行动的一个召唤。

为了了解更多，读者可以，或独自或一起，遵循两个路径。第一个路径是研究UFO/ET现象本身，这在过去四十年里被代表很多不同观点的研究者们广为记载。后面的页面里，我们列出了我们觉得与盟友材料尤其相关的关于这个主题的一些重要资源。我们鼓励所有读者针对这一现象获得更多信息。

第二个路径是针对愿意探索这一现象的灵性含义以及你个人可以做什么来进行准备的读者。为此，我们推荐M.V.萨摩斯的著作，它们被列在接下来的页面里。

为了持续获取关于人类的盟友新材料的信息，请访问盟友网站：www.alliesofhumanity.org/zh。获取关于大社区内识之路的更多信息，请访问：www.newmessage.org/zh。

更多资源

以下是针对UFO/ET现象的一个初步资源清单。它绝非为了成为这个主题的详尽文献目录，而只是作为一个起始位置。一旦你针对这一现象的实相的研究开始起始，将有越来越多的材料让你去探索，既来自这些资源，也来自其他资源。始终建议保持辨识。

书目

Berliner, Don: *UFO Briefing Document*, Dell Publishing, 1995.

Bryan, C.D.B.: *Close Encounters of the Fourth Kind: Alien Abduction, UFOs and the Conference at MIT*, Penguin, 1996.

Dolan, Richard: *UFOs and the National Security State: Chronology of a Coverup*, 1941-1973, Hampton Roads Publishing, 2002.

Fowler, Raymond E.: *The Allagash Abductions: Undeniable Evidence of Alien Intervention*, 2nd Edition, Granite Publishing, LLC, 2005.

Good, Timothy: *Unearthly Disclosure*, Arrow Books, 2001.

Grinspoon, David: *Lonely Planets: The Natural Philosophy of Alien Life*, Harper Collins Publishers, 2003.

Hopkins, Budd: *Missing Time*, Ballantine Books, 1988.

Howe, Linda Moulton: *An Alien Harvest*, LMH Productions, 1989.

Jacobs, David: *The Threat: What the Aliens Really Want*, Simon & Schuster, 1998.

Mack, John E.: *Abduction: Human Encounters with Aliens*, Charles Scribner's Sons, 1994.

Marrs, Jim: *Alien Agenda: Investigating the Extraterrestrial Presence Among Us*, Harper Collins, 1997.

Sauder, Richard: *Underwater and Underground Bases*, Adventures Unlimited Press, 2001.

Turner, Karla: *Taken: Inside the Alien-Human Abduction Agenda*, Berkeley Books, 1992.

DVDs

The Alien Agenda and the Ethics of Contact with Marshall Vian Summers, MUFON Symposium, 2006. Available through New Knowledge Library.

The ET Intervention and Control in the Mental Environment, with Marshall Vian Summers, Conspiracy Con, 2007. Available through New Knowledge Library.

Out of the Blue: The Definitive Investigation of the UFO Phenomenon, Hanover House, 2007. To order: Out of the Blue - the movie.

网站

http://humansovereignty.org/chinese-declaration/

www.alliesofhumanity.org/zh

www.newmessage.org/zh

大社区
内识之路
书籍节选

"你不仅仅是身在这一单一世界上的人类的一员。你是众多世界组成的大社区的一名公民。它是你通过自己的感官所认知的那个物质宇宙。它比你现在能理解的要广大得多…你是一个更广大物质宇宙的一名公民。这不仅确认了你的世系和传承，它还确认了你身处这个时代的生命宗旨，因为人类世界正在向众多世界组成的大社区生命迈进。对此你是认知的，尽管你的信仰还没能对此做出解释。"

—内识进阶:
第187阶： 我是众多世界组成的
大社区的一名公民

"你在一个伟大的转折点来到世界上，在你的有生之年你只能看到这个转折时期的一部分。在这个转折时期里，你们的世界开始了和它周边其他世界的接触。这是人类的自然进化，它和所有世界所有智能生命的自然进化一样。"

—内识进阶:
第190阶： 世界正在迈进
众多世界组成
的大社区，
这是我来此的原因

"你在这个世界以外拥有伟大的朋友。正因为如此，人类正在寻求
迈进大社区，因为大社区代表着人类真正关系的更广大范畴。你
在这个世界以外拥有真正的朋友，因为你在世界上不是孤单的，
你在众多世界组成的大社区里不是孤单的。你在这个世界以外拥
有朋友，因为你的精神家庭在四面八方都拥有它的代表。你在这
个世界以外拥有朋友，因为你不仅在为你们世界的进化而工作，
同时也在为宇宙的进化而工作。这是最真实的，超越了你的想
象，超越了你的概念性能力。"

> *—内识进阶:*
> 第211阶： 我在这个世界以外
> 拥有伟大的朋友

"不要用希望回应。不要用恐惧回应。用内识回应。"

> *—来自大社区*
> *的智慧 第二部:*
> 第10章：大社区探访

"这为什么在发生？"科学不能回答。理智不能回答。一厢情愿的想
法不能回答。恐惧的自我保护不能回答。什么可以回答？在此你
必须用一种不同的思想去提问这个问题，用不同的眼睛去看，并
拥有一种不同的体验。"

> *—来自大社区*
> *的智慧 第二部:*
> 第10章：大社区探访

"你们现在必须在大社区的范畴里思考上帝——不是人类的上帝，不是你们所书写的历史里的上帝，不是对你们进行审判、带来苦难的上帝，而是属于所有时间、所有种族、所有维度、属于所有或原始或进化的族群、属于所有和你们思想或类似或不同的族群、属于所有或相信或对信仰无法理解的族群的上帝。这就是大社区里的上帝。这是你们所必需的出发点。"

—大社区灵性:
第1章：上帝是什么？

"你在世界上被需要。是时候进行准备了。是时候变得专注和坚决了。没有从这里的逃离，因为唯有在内识之路上实现发展的那些人将在未来拥有能力，将能够在将越来越受到大社区影响的一个思维环境里保持他们的自由。"

—生活在内识之路上:
第6章：灵性发展支柱

"这里没有英雄。这里没有要崇拜的人。有一个基础要构建。有工作要完成。有一个准备要经历。有一个世界要去服务。"

—生活在内识之路上:
第6章：灵性发展支柱

"大社区内识之路正被呈现给世界，它在这里不被认知。它在这里没有历史和背景。人们对它不习惯。它不一定契合他们的想法、信仰或期望。它不符合世界当前的宗教理解。它以一种赤裸的形

式到来——没有仪式和盛典，没有财富和过量。它纯粹和简单地
到来。它像世界上的一个孩子。它看似孱弱易感，然而它代表一
个更伟大实相和人类的一个更伟大前途。"

—大社区灵性:
　　第22章：内识能在哪里被找到？

"大社区里有着比你更强大的人 。他们比你更精明，不过只有当你
不去看时。他们能够影响你的思想，可他们无法掌控它，如果你
和内识同在的话。"

—生活在内识之路上:
　　第10章：在世界上保持临在

"人类生活在一个非常巨大的房子里。部分房子着火了。其他族群
到访这里来判定如何能够为了他们的利益把火扑灭。"

—生活在内识之路上:
　　第11章：为未来进行准备

"在一个晴朗的夜晚走出去向天上看。你的天命在那里。你的艰难
在那里。你的机遇在那里。你的救赎在那里。"

—大社区灵性:
　　第15章：谁服务人类？

"你绝不要假设先进族群里存在着一种更伟大逻辑，除非它的内识强大。事实上，他们可能和你们一样坚决对抗内识。旧的习惯、仪式、结构和权威必须受到内识的证据的挑战。正因为如此，即使是在大社区里，内识男女也是一个强大力量。"

—内识进阶：
高级

"你对未来的无惧必不源自于伪装，而是源自于你对内识的确定。这样一来，你将成为他人的和平避难所和财富源泉。这是你注定承担的角色。正因为如此你才来到这个世界上。"

—内识进阶：
第162阶：今天我不害怕。

"这不是身处世界的一个轻松时代，可是如果贡献是你的宗旨和意志，那么这是身处世界的正确时代。"

—大社区灵性：
第11章：你的准备是为了什么？

"为了让你能够开展你的使命，你必须拥有伟大的盟友，因为上帝知道你无法独自完成它。"

—大社区灵性：
第12章：你将遇见谁？

"造物主不会留下人类对大社区毫无准备。为此，大社区内识之路正在被呈现。它源自宇宙的伟大旨意。它通过宇宙天使们沟通，他们服务于四面八方内识的呈现，他们在四面八方培养能够体现内识的关系。这一工作是世界上神圣的工作，并非带你走向神圣，而是带你来到世界，因为世界需要你。正因为如此你被派到这里。正因为如此你选择了来此。你选择了来服务和支持世界向大社区的迈进，因为那是人类在这个时代的伟大需要，这个伟大需要将阴翳人类未来时代的所有需要。"

—大社区灵性:
简介

关于作者

◆

尽管他在当今世界鲜为人知，可是马歇尔.维安.萨摩斯或将最终被认知为我们时代出现的最重要的灵性导师。二十多年里，他一直在安静地撰写和教导一种灵性，这一灵性确认了一个不可否认的实相，即人类生活在一个广袤并充满聚居的宇宙里，现在人类迫切需要为它迈进一个智能生命大社区进行准备。

M.V.萨摩斯教导内识教律，或内在认知。"我们的最深刻直觉，"他说，"只不过是内识伟大力量的一种外在表达。" 他的著作*内识进阶：内在认知之书*，2000年美国灵性类图书奖得主，和*大社区灵性：一个新启示*，共同构成了可以被认定为首个"接触神学"的基础。他的整个著作约有二十部之多，其中只有一部分通过新内识图书馆进行了出版，它们代表着现代历史上出现的最原创、最先进的灵性教程之一。他还是大社区内识之路社团，一个宗教性非营利机构，的创建者。

通过*人类的盟友*，马歇尔.维安.萨摩斯或许成为首位主要灵性导师，敲响了关于当今世界发生的干预的真正本质的一个明确警告，并召唤个体责任感、准备和集体性觉知。他把他的生命奉献给接收大社区内识之路，一个来自造物主给人类的礼物。他承诺将这个来自上帝的新讯息带进世界。网上阅读新讯息，请访问www.newmessage.org/zh。

关于社团

大社区内识之路社团在世界上拥有一个伟大使命。人类的盟友呈现了干预问题以及它预示的一切。为了回应这个严峻挑战，在被称为大社区内识之路的灵性教程里，一个解决方案被提供了。这个教程提供了人类将需要的大社区视野和灵性准备，从而能够维护我们的独立自主权利并作为一个智能生命更广大宇宙里的一个新兴世界成功采取我们的位置。

社团的使命是通过出版、互联网站、教育项目以及冥想服务和静修来呈现这个致人类的新讯息。社团的目标是发展内识男女，他们将是首批在当今世界开展大社区准备的先驱并开始抵制干预的影响。这些男女将在人类为自由的奋争激化时，负责维持内识和智慧在世界上的存活。社团于1992年由马歇尔.维安.萨摩斯创建，它是一个宗教性非营利机构。多年来，一组致力奉献的学生汇聚到一起直接协助他。社团被这个奉献学生核心支持和维护着，他们承诺将一个新灵性觉知和准备带进世界。社团的使命需要更多人的支持和参与。鉴于世界境况的严峻，对于内识和准备的需要是迫切的。于是，社团召唤各地男女协助我们，在我们历史上的这个关键转折点，把这个新讯息的礼物给予世界。

作为一个宗教性非营利机构，社团完全通过志愿活动、捐款和贡献得到支持。然而，不断增长的触及并准备世界民众的需求，正在超出社团成就其使命的能力。你可以通过你的贡献成为这个伟大使命的一部分。和他人分享盟友讯息。帮助提升觉知，即我们是正在迈进一个智能生命更伟大场景的同一民众和同一世界。成为内识之路的学生。如果你有能力成为这个伟大事业的一名捐助者，或是你认识某人可以成为，请联系社团。你的贡献现在被需要，从而有可能将盟友的重要讯息传播到全世界并帮助人类扭转浪潮。

◆

"你站在接收

某种最伟大量级事物的关口上，

某种在世界上被需要的东西——

某种正在被传递

给世界并被翻译

到世界上的东西。

你是首批将接收它的人。

良好地接收它。"

大社区灵性

大社区内识之路

社团

P.O. Box 1724 • Boulder, CO 80306-1724

(303) 938-8401，传真(303) 938-1214

society@newmessage.org

www.alliesofhumanity.org/zh　　　www.newmessage.org/zh

关于翻译过程

信使，马歇尔.维安.萨摩斯，自1983年开始接收一个来自上帝的新讯息。来自上帝的新讯息是曾被赋予人类的最博大启示，现在被赋予一个有着全球通信和不断增长的全球觉知的受教育世界。它并非只是被赋予一个部落、一个国家或一个宗教，而是触及全世界。这需要尽可能多的语言翻译。

启示的过程，现在是人类历史上首次被揭示。在这个非凡的过程里，上帝的临在超越文字对护佑世界的天使圣团沟通。然后圣团将这一沟通翻译成人类语言，众合为一地通过他们的信使讲话，他的声音成为这个更伟大声音——启示的声音——的载体。文字以英文讲述，以音频形式直接被录音，然后被抄录，并以新讯息的文本和音频录音被呈现。通过这种方式，上帝原版讯息的纯粹被维护，并能被赋予所有民众。

然而还存在着一个翻译过程。因为原版启示以英文被发送，这是翻译成众多人类语言的所有翻译的基础。因为我们世界讲很多种语言，为了将新讯息带给各地民众，翻译是至关重要的。随着时间推移，新讯息学生们自告奋勇地志愿将讯息翻译成他们本国的语言。

在历史上的此时此刻，社团无法负担翻译成如此众多语言、翻译如此博大启示的费用，这个讯息必须带着至关紧迫性触及世界。除此之外，社团认为，重要的是我们的翻译必须是新讯息学生，从而能够尽可能多地理解和体验被翻译内容的精髓。

　　考虑到在全世界分享新讯息的紧迫和需要，我们诚邀更多翻译援助，将新讯息拓展到世界，将更多启示带进已启动翻译过程的语言以及引入新的语言翻译。我们同时也在适时地寻求提高这些翻译的质量。现在依然有很多需要完成的工作。

来自上帝的新讯息书籍

上帝再次讲话了

唯一的上帝

新信使

大社区

大社区灵性

内识进阶

关系和更高宗旨

生活在内识之路上

宇宙中的生命

改变的巨浪

来自大社区的智慧：第一部、第二部

天国的秘密

人类的盟友第一、二、三、四部

www.ingramcontent.com/pod-product-compliance
Lightning Source LLC
Chambersburg PA
CBHW022025090426
42739CB00006BA/288